Konstantin O. Papailiou

Das mechanische Verhalten von Verbundisolatoren für die elektrische Energietechnik

TUDpress

Konstantin O. Papailiou

Das mechanische Verhalten von Verbundisolatoren für die elektrische Energietechnik

TUD*press*

2012

Die vorliegende Arbeit wurde von der Fakultät Elektrotechnik und Informationstechnik der Technischen Universität Dresden zur Erlangung des akademischen Grades Doktoringenieur habilitatus (Dr.-Ing. habil.) als Habilitation genehmigt. Der Vortrag mit Kolloqium fand am 22.11.2011 statt.

Vorsitzender der Habilitationskommission: Prof. Dr.-Ing. Peter Schegner

Gutachter: Prof. Dr.-Ing. Steffen Grossmann
Prof. Dr.-Ing. habil. Lothar Gaul
Prof. Dr. Paolo Ermanni

Bibliografische Information der Deutschen Nationalbibliothek
Die Deutsche Nationalbibliothek verzeichnet diese Publikation in der Deutschen Nationalbibliografie; detaillierte bibliografische Daten sind im Internet über http://dnb.d-nb.de abrufbar.

Bibliographic information published by the Deutsche Nationalbibliothek
The Deutsche Nationalbibliothek lists this publication in the Deutsche Nationalbibliografie; detailed bibliographic data are available in the Internet at http://dnb.d-nb.de.

ISBN 978-3-942710-89-3

Verlag der Wissenschaften GmbH
Bergstr. 70 | D-01069 Dresden
Tel.: 0351/47 96 97 20 | Fax: 0351/47 96 08 19
http://www.tudpress.de

Gesetzt vom Autor.
Printed in Germany.

TECHNISCHE UNIVERSITÄT DRESDEN

Das mechanische Verhalten von Verbundisolatoren für die elektrische Energietechnik

Dr. sc. ETH Konstantin O. Papailiou

von der Fakultät Elektrotechnik und Informationstechnik
der Technischen Universität Dresden

zur Erlangung des akademischen Grades

Doktoringenieur habilitatus

(Dr.-Ing. habil.)

genehmigte Habilitation

Vorsitzender: Prof. Dr.-Ing. Peter Schegner

Gutachter: Prof. Dr.-Ing. Steffen Grossmann

Prof. Dr.-Ing. habil. Lothar Gaul

Prof. Dr. Paolo Ermanni

Vortrag mit Kolloquium: 22.11.2011

Meiner Frau Margarita
und unseren beiden Kindern
Othi und Vicky
in Liebe und Dankbarkeit
gewidmet

Vorwort

Diese Arbeit ist das Ergebnis von über 35 Jahren Erfahrung mit Hochspannungsfreileitungen, 25 Jahre davon sind durch die intensive Beschäftigung mit Silikonverbundisolatoren stark geprägt worden. Damals waren noch Verbundisolatoren eher „Gourmet"-Produkte, exklusiv, um nicht zu sagen ausgefallen, recht teuer und somit auf ausgesuchte Spezialanwendungen, z.B. Einsatzgebiete mit extremer Verschmutzung, beschränkt. Normen waren kaum vorhanden und jeder Schadensfall wurde durch die etablierte Konkurrenz der Porzellan- und Glaskappenisolatoren als der Weltuntergang „zelebriert".

Seitdem ist „viel Wasser den Rhein runter geflossen". Der Verbundisolator wird inzwischen als gleichwertige Alternative zum Porzellan- und Glasisolator anerkannt und weltweit in grossen Stückzahlen eingesetzt. Dazu haben die unermüdlichen Bestrebungen einiger weniger international tätigen Hersteller beigetragen, die an dieses Produkt geglaubt und es ständig vorangetrieben haben, sowohl in der Entwicklung, durch besseres Verständnis der doch komplizierten physikalischen Zusammenhänge die bei einem Verbundisolator herrschen, aber auch in der Produktion, durch Optimierung und Industrialisierung der Abläufe, was dann zu höchster Qualität bei sehr attraktiven Preisen (durch die höheren Stückzahlen: *economies of scale*) führte.

Der Verfasser dieser Arbeit hatte das Glück, seinen Ingenieurberuf bei einem der obengenannten Hersteller, der Firma Pfisterer, auszuüben. Auf Grund seiner leitenden Funktion dort konnte er manche Entscheidung zu Gunsten der Isolatorenentwicklung positiv beeinflussen. Zudem hatte er die Möglichkeit, viele Jahre lang in den einschlägigen CIGRE und IEC Arbeitsgruppen aktiv mitzuwirken und somit sowohl die Erarbeitung der Grundlagen (CIGRE) sowie die Erstellung der Normen (IEC) „von der Pike auf" zu gestalten.

An dieser Stelle könnte die Frage auftauchen, warum der gelernte Elektroingenieur sich in das mechanische Verhalten von Verbundisolatoren vertieft hat. Das hat drei Gründe. Zum Ersten hat der Verfasser „seine" Technische

Mechanik beim grossen Hochschullehrer Professor Hermann Schäfer an der TU Braunschweig gelernt und fühlte sich seit Anfang seiner Berufslaufbahn von den vielen interessanten mechanischen Problemen des Leitungsbaus angezogen und hat sich intensiv befasst mit dem grossen Gebiet der mechanischen Seilbelastung und -ermüdung durch windangeregte Schwingungen [Papailiou 1997a]. Zum Zweiten ist bei einem Verbundisolator durch die Verschiedenartigkeit seiner Komponenten die Wechselwirkung zwischen mechanischer und elektrischer Integrität von grosser Bedeutung. Man denke z.B. an die Auswirkung von Rissen im glasfaserverstärkten Kern, die durch unzureichende mechanische Auslegung entstehen und Teilentladungen bzw. im schlimmsten Fall einen inneren Durchschlag verursachen können. Und zu guter Letzt, möchte der Verfasser kurz vor Schluss seiner Berufslaufbahn dem Fachpublikum aber auch dem Ingenieurnachwuchs seine gesammelten Erfahrungen und Erkenntnisse in einer kompakten Darstellung weitergeben, wie diese in der Fachliteratur noch nicht vorhanden ist.

Diese Arbeit gliedert sich, nach einer kurzen Einleitung, in vier Kapitel, welche die verschiedenen Bauarten von Verbundisolatoren beschreiben. Das sind im Einzelnen Verbundlangstäbe, Verbundstützer, Isoliertraversen für Kompaktleitungen und Phasenabstandshalter; insbesondere hierbei werden einige neue Erkenntnisse zu deren Bemessung erstmalig veröffentlicht.

Auch sonst wird viel Material aus eigenen Arbeiten des Verfassers verwendet, sei es aus seinen Veröffentlichungen oder aber aus Publikationen seiner CIGRE und IEC Arbeitsgruppen. Einen weitereren Schwerpunkt bilden wichtige Erkenntnisse aus einem Forschungsprojekt in Zusammenarbeit mit der EPFL (*École Polytechnique Fédéral de Lausanne*), welches er betreut hat, sowie aus einer ganzen Reihe von Untersuchungs- und Prüfberichten, wie diese im Laufe einer langjährigen Produktentwicklung und Produktbetreuung entstehen. Aber auch Arbeiten von vielen Fachkollegen, wie diese sich in einem langen Ingenieurleben „ansammeln", wurden, wo sinnvoll, verwendet und – hoffentlich – alle richtig zitiert.

Es ist kaum möglich, allen zu danken, welche über die Jahre dem Verfasser auf die eine oder andere Art geholfen haben, fachlich bei diesem Thema „so weit zu kommen". Deswegen seien stellvertretend folgende zwei Personen namentlich erwähnt:

Dr. Claude de Tourreil, der leider verstorbene, allseitig anerkannte „Papst" der Verbundisolatoren, welcher den Verfasser recht früh in die Verbundisolatorentechnik eingeführt hat.

Dr. Frank Schmuck, welcher als langjähriger Kollege die ständige Weiterentwicklung des Silikonverbundisolators in der Firma Pfisterer Sefag AG massgeblich mitgeprägt hat.

Im Rahmen dieses Habilitationsverfahrens erfuhr ich die volle Unterstützung vom Betreuer meiner Arbeit Prof. Dr.-Ing. Steffen Grossmann und den Gutachtern Prof. Dr.-Ing. habil. Lothar Gaul und Prof. Dr. Paolo Ermanni sowie vom Vorsitzenden Prof. Dr.-Ing. Peter Schegner und allen Mitgliedern der Habilitationskommission. Denen allen gehört mein besonderer Dank.

Bedanken möchte ich mich noch bei Frau Gudrun Brunner, Frau Susanne Müller, Herrn Kurt Obrist, sowie meinem Sohn Othi, einem frischgebackenen Wirtschaftsingenieur, für deren wertvolle Unterstützung bei der Erstellung des Manuskripts aber auch bei meiner Frau Margarita und meiner Tochter Vicky, welche mich ständig motivieren konnten, diese Arbeit zu einem guten Ende zu bringen.

Winterbach und Malters, im April 2011

Inhaltsverzeichnis

Abbildungsverzeichnis

Tabellenverzeichnis

Gebräuchliche englische Begriffe

AGS = armour grip suspension (Leitertragspirale)
Application curve (Lastdiagramm)

Bonding straps (Flexible Verbinder zum Potenzialausgleich bei PAH)
Brace (Langstab einer Isoliertraverse)
Braced line post bzw. horizontal-V (Isoliertraverse)
Brittle fracture (Sprödbruch)

CFL = Cantilever Failing Load (Biegebruchkraft)

Design test (Bauartprüfung)
DLL =Damage Limit Load (Grenzkraft)
Damage limit (Schadensgrenze)
Danger factor (Schadensindex)

Fail-safe base (Fussarmatur mit Sollverformungsstelle)

Interface (Grenzfläche)
IPS = Interphase spacer (PAH = Phasenabstandshalter)

LPC = Last point of contact (letzte Berührungsstelle zwischen Stab und Endarmatur)

Metal-composite joint (GFK-Metall-Verbindung)

Post (Stützer einer Isoliertraverse)
Pull-out (Ausrutschen des Stabes aus der Metallarmatur)

Routine test (Typenprüfung)
RML = routine mechanical load (Stückprüfkraft)
ROW = right of way (Leitungskorridor)

Safe failure mode (Sicheres Verhalten beim Versagen)
SML = Specified Mechanical Load (Nennkraft)
S-N curve (Wöhlerkurve)
Station post (Stationsstützer)
Survey (Umfrage)
Swaging (Aufziehen)

Type test (Typenprüfung)

1 Einleitung

Hochspannungsisolatoren sind für die Betriebssicherheit und Wirtschaftlichkeit von elektrischen Energieübertragungs-systemen von entscheidender Bedeutung, und es wundert daher nicht, dass an diese Bauteile besonders hohe Zuverlässigkeitsanforderungen gestellt werden. Neben den bisher üblichen Langstabisolatoren herkömmlicher Bauart aus Porzellan und Kappenisolatorketten aus Glas oder Porzellan haben in den letzten Jahren Verbundisolatoren eine zunehmende Bedeutung in der Isoliertechnik von Hochspannungsfreileitungen gefunden.

1.1 Vorteile und Entwicklung von Verbundisolatoren

Das Konzept des Verbundisolators entstand eigentlich schon in den fünfzigern Jahren in den USA. Richtig „ernst genommen“ wurde diese Technologie aber erst in den siebziger Jahren, als bei den glasfaserverstärkten Materialien, welche den tragenden Kern der Verbundisolatoren bilden, und den Polymeren, welche deren Hülle gestalten, grosse Fortschritte erzielt wurden. Zur breiten Akzeptanz der Verbundisolatoren trugen insbesondere das überdurchschnittlich gute Isolationsverhalten des Silikons bei Verschmutzung [Papailiou 1990a] und die Unempfindlichkeit der Verbundisolatoren gegen Bruch bei schockartigen Beanspruchungen im Betrieb bei; sie ermöglichten, die bei vielen Anwendern anfänglich vorhandene Hemmschwelle rasch zu überwinden. Bei richtiger Auslegung, sowohl in konstruktiver Hinsicht als auch bezogen auf die Materialauswahl, haben Verbundisolatoren überzeugende Qualitäten. Während bei konventionellen Systemen (Porzellan, Glas) aus werkstofftechnischen Gründen eine getrennte Optimierung von mechanischen und elektrischen Funktionen nicht durchführbar ist, können dieses Gesichtspunkte bei der Werkstoffauswahl für Verbundisolatoren einzeln berücksichtigt werden. Die daraus resultierende Konstruktion kann in drei Bereiche unterteilt werden [Papailiou et al. 1990b] (Abb. 1-1):

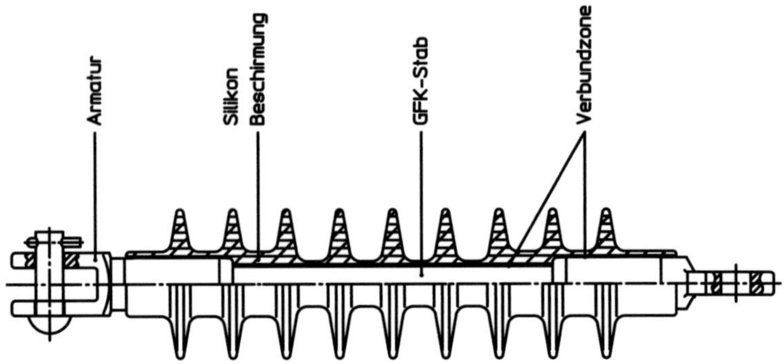

Abb. 1-1 Aufbau und Bestandteile von Verbundisolatoren [Papailiou et al. 1990b]

- Mechanisch hochfester Stab zur Aufnahme der Zugkräfte und zur inneren Isolierung.
- Den Stab umgebende, zur Kriechwegverlängerung schirmförmig ausgebildete Kunststoff-Hülle, welche die Isolationsaufgabe übernimmt.
- Metallarmaturen an beiden Enden des Stabes zur Krafteinteilung.

Besonders wichtig ist dabei die zwischen den verschiedenen Komponenten eines Verbundisolators vorhandenen Grenzflächen zu „beherrschen", da dort oft elektrische wie mechanische Probleme auftreten können [Papailiou 1999].

Ein weiterer Vorteil des Verbundisolators ist sein geringes Gewicht, das Transport und Montage vereinfacht und den Bau leichterer Masten erlaubt. Bei Hochspannungsleitungen kann nämlich das Gewicht konventioneller Isolatoren fast 20% der gesamten Vertikallasten eines Mastes ausmachen. Verbundisolatoren dagegen ermöglichen gegenüber herkömmlichen Isolatoren eine Gewichteinsparung bis über 90%. Die Empfindlichkeit der Verbundkonstruktion gegenüber Lichtbögen oder mechanischen Schockbelastungen (Schlag oder Beschuss) ist wesentlich geringer als die des konventionellen Isolators. Durch die schlanke Bauweise ist der Verbundisolator auch ein viel schlechter zu treffendes Ziel bei Beschussversuchen (Vandalismus), was in aussereuropäischen Ländern von erheblicher Bedeutung ist. Geradezu prädestiniert ist der Verbundisolator für den Einsatz im Fahrleitungsbetrieb der Eisenbahn, da hier aufgrund des geringen Gewichtes, vor allem im Hinblick auf die immer höheren Fahrtgeschwindigkeiten, unkontrollierte Schwingungen des Fahrleitungssystems weitgehend vermieden werden können.

1.2 Erfahrungen mit Verbundisolatoren

Die ersten Freileitungs-Isolatoren aus organischen Materialien wurden vor über 50 Jahren in den U.S.A. serienmässig in grösseren Stückzahlen eingesetzt. Es waren Giessharz-Isolatoren; viele davon mussten wegen verschiedenen Problemen nach kurzem Einsatz ausgetauscht werden. Darauf aufbauend folgte dann ein erster „echter" Verbundisolator mit Porzellanschirmen, die von einem GFK-Stab (GFK = glasfaserverstärkter Kunststoff, i. a. Harz) getragen wurden; solche Isolatoren wurden meistens bei Mittelspannungsleitungen eingesetzt. Ein paar Jahre später schliesslich begannen Hersteller aus der Bundesrepublik, den Vereinigten Staaten, Frankreich, England, Italien und später auch aus der Schweiz Verbundisolatoren in der heutigen Form zu bauen. Diese erste Generation von Verbundisolatoren hat, wegen der oben erwähnten Vorteile, bei den Leitungsbetreibern weltweit grosses Interesse geweckt. Viele Elektrizitätswerke haben bald angefangen mit Verbundisolatoren zu experimentieren und diese zunächst bei kurzen Leitungsabschnitten einzusetzen und zwar vor allem dort, wo sich diese Isolatoren aufgrund ihrer Eigenschaften für besonders vorteilhafte Problemlösungen eigneten. Sie verfolgten aber auch das Ziel gleichzeitig Erfahrungen für einen späteren, verstärkten Einsatz zu sammeln. Leider sind bei einigen Isolatorkonstruktionen der ersten Generation verschiedene Probleme aufgetreten, so z.B.:

- Kriechspurbildung und Oberflächenerosion am Schirmmaterial.
- Abfall der Lichtbogenbeständigkeit, insbesondere alterungsbedingter Verlust der ursprünglich besonders guten Fremdschichteigenschaften der Schirmoberfläche.
- Verlust der anfänglich mechanischen Festigkeit, z. T. Ausrutschen des Stabes aus der metallischen Endarmatur.
- Haftungsprobleme und deshalb Durchschläge an den Grenzflächen zwischen den verschiedenen Materialien des Isolators.
- Eindringen von Feuchtigkeit, was zusammen mit ungenügender Haftung und ungünstiger elektrischer Auslegung der Metallarmaturen zu Sprödbrüchen (*eng. brittle fracture*) am tragenden Glasfaserstab geführt hat.

Diese Probleme führten vor ca. 30 Jahren nochmals zu einer „Denkpause" beim Einsatz von Verbundisolatoren. Die offensichtlichen Vorteile solcher Isolatoren haben aber die Hersteller weltweit angespornt diese Probleme anzugehen, zu lösen und eine weit verbesserte, zweite Generation von Verbundisolatoren auf den Markt zu bringen. Seitdem haben das durch verstärkte Forschung und Langzeitversuche erreichte bessere Verständnis für mögliche Versagensmechanismen, die Optimierung der Produktionsabläufe sowie ein höheres Qualitätssicherungsbewusstsein zu Verbundisolatoren der sog. dritten Generation geführt, die ein hohes Zuverlässigkeitsniveau haben, da sie in industrieller Grosserienfertigung produziert werden und eine angestrebte Lebenserwartung von über 50 Jahren vorweisen. Es wundert daher nicht, dass in den letzten Jahren weltweit vermehrt Verbundisolatoren zum Einsatz kommen und inzwischen als gleichwertige Alternative zu Porzellan- und Glasisolatoren akzeptiert sind. Dies wird untermauert durch die von der CIGRE und der IEEE veröffentlichten Befragungsergebnisse und Statistiken, welche im folgenden Abschnitt zusammengefasst dargelegt werden [Fluri et al. 2002].

Insb. die damalige CIGRE Arbeitsgruppe 22.03, bei welcher der Verfasser viele Jahre mitgewirkt hat, hat sich mit dem Zusammentragen von Betriebserfahrungen weltweit verdient gemacht und in 1990 eine erste Befragung von Energieversorgungsunternehmen durchgeführt und in 1991 in ELECTRA No.130 publiziert. Eine weitere Studie (*eng. survey*) wurde in 1997 begonnen, deren Ergebnisse abschliessend in ELECTRA 191 im August 2000 veröffentlicht wurden. Die folgenden Ergebnisse sind eine Zusammenfassung dieser Befragung, welche sich auf Übertragungsspannungen höher als 100 kV beschränkte.

Interessant sind z.B. die von den Betreibern angegebenen Gründe für die Verwendung von Verbundisolatoren (Abb. 1-2).

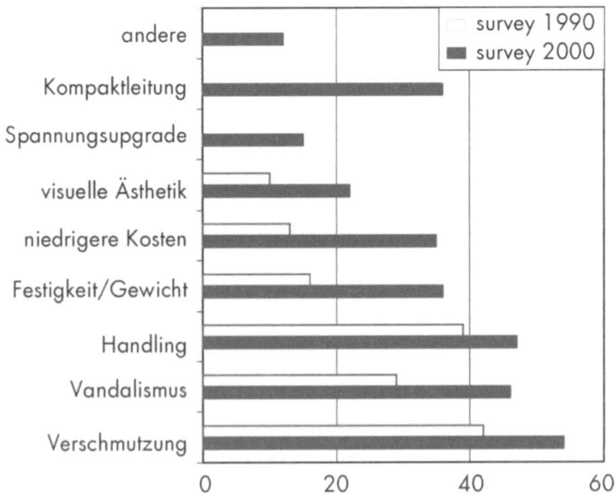

Abb. 1-2 Gründe für den Einsatz von Verbundisolatoren [Fluri et al. 2002]

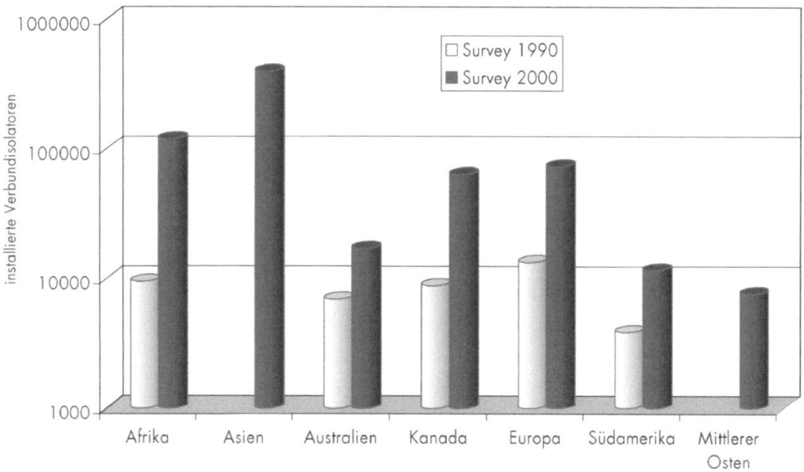

Abb. 1-3 Installierte Verbundisolatoren gemäss Studie [Fluri et al. 2002]

Die Anzahl installierter Einheiten (Abb. 1-3) reflektiert eindeutig den Trend vom konventionellen zum Verbundisolator. Die Studie enthält leider nicht den grössten Markt für Verbundisolatoren, nämlich die USA, sodass die aus der aktuellen Bewertung resultierende Gesamtzahl von fast 700'000 in der Realität erheblich übertroffen wird (im Vergleich: 1990 knapp 50'000).

Schätzungen gehen weltweit von einer Gesamtzahl von 5 Millionen Verbundisolatoren aus bzw. von 20 Millionen unter der Berücksichtigung der Spannungsebene bis 50 kV. Auf allen Kontinenten ist ein hoher Zuwachs ersichtlich, die überproportionale Zunahme in Asien ist auf den Aufbau der Elektrifizierung in China zurückzuführen.

Ca. 5% der in der Studie erfassten Verbundisolatoren sind Stützisolatoren. Dieser scheinbar untergeordnete Isolatortyp spielt eine essentielle Rolle für die Kompaktierung von Leitungen bzw. bei einem Spannungsupgrade. Die Philosophie einer Kompaktierung wird verstärkt in den USA verfolgt, die im Rahmen der Bewertung verfügbaren Daten resultierten daher in einem 50%igen Anteil an Verbund-Stützisolatoren in den amerikanischen Energieversorgungsunternehmen. Es darf in diesem Zusammenhang nicht ohne Stolz festgehalten werden, dass die weltweit erste 420 kV Kompaktleitung mit Isoliertraversen aus Verbundisolatoren in der Schweiz im Jahr 1996 realisiert worden ist und in [Ammann et al. 1998] sowie in Abschn. 4.4.1 detailliert beschrieben wird.

1.3 Einsatz von Verbundisolatoren in Hochspannungsfreileitungen

Die vielfältigen Anwendungen der Verbundisolatoren bei Freileitungen werden in den folgenden Kapiteln dieser Arbeit ausführlich beschrieben. Hier soll ergänzend dazu erwähnt werden, dass zu den oben erwähnen Vorteilen der Verbundisolatoren, vor allem in den Industrieländern in den letzten Jahren die Anforderungen der Umwelt an die Hochspannungsfreileitungen in qualitativer und in quantitativer Hinsicht stets gewachsen sind. So ist es zum Beispiel heute von entscheidender Bedeutung, schon bei der Planung einer Freileitung auf ein ansprechendes, umweltverträgliches Mastbild zu achten. Eine grosse Elektrizitätsgesellschaft der Westschweiz hat schon vor einigen Jahren diesen Grundsatz bei neuen 420 kV-Leitungen realisiert [Papailiou, 1997]. Als günstig erwies sich dabei der breite Einsatz von Silikonverbundisolatoren; der Verbundisolator in diesem Anwendungsfall mit einer Länge von 3,0 m kann nämlich aus einem Stück gefertigt werden und ist um fast 1,5 m kürzer als die

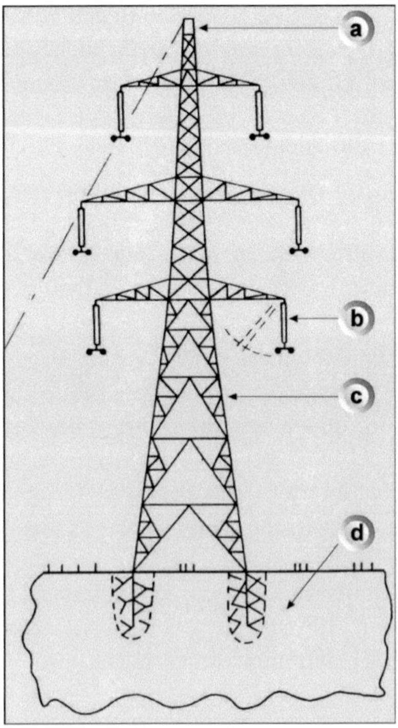

Abb. 1-4 Einfluss der Isolatorenlänge auf die Mastkonstruktion [Papailiou, 1997b]

a kürzere Erdseilspitze (wegen b)
b kürzere Traversen, somit kleinere Torsionsbelastung
c kleinere Beanspruchung, somit weniger Stahl und gefälligeres Aussehen
d reduziertes Biege- und Torsionsmoment, somit kleinere Fundamente

früher verwendeten Porzellanketten mit je drei Langstabisolatoren vom Typ LG 85/22/1470. Wie sich die kleinere Länge von Hängeisolatoren positiv auf die Mastkonstruktion auswirkt, zeigt schematisch Abb. 1-4. Kürzere Isolatoren erlauben den Einsatz von kürzeren Traversen, ohne dass beim Ausschwingen das Risiko von Berührungen der Leiterseile mit dem Mast besteht. Dies hat zur Folge, dass die Torsionsbelastung in den Traversen und im gesamten Mast reduziert wird, was eine leichtere Konstruktion mit einem gefälligeren Aussehen und reduzierten Kosten erlaubt. Aus geometrischen Überlegungen kann auch die Erdseilspitze verkürzt werden.

1.4 Einsatz von Verbundisolatoren bei elektrischen Apparaten und Freiluftschaltanlagen

Nach dem erfolgreichen Einsatz der Verbundisolatoren in Freileitungen bis zu den höchsten Spannungen sind seit ca. 20 Jahren Verbundisolatoren in elektrischen Apparaten und Freiluftschaltanlagen zunehmend im Einsatz. So ist heute möglich, praktisch eine gesamte Freiluftanlage in Verbundtechnik auszuführen (Abb. 1-5). So z.B. werden heute wegen der erhöhten Anforderungen an die Betriebssicherheit sowie zur Verminderung des Schadensfallrisikos (Personen wie Sachen) Durchführungen vor allem in den höheren Spannungsebenen mehrheitlich in Verbundtechnik hergestellt (Abb. 1-6).

Das Gleiche trifft zu bei Kabelendverschlüssen von Kunststoffkabeln. Die vielen Anwender und Befürworter des Hochspannungskabels mit extrudierter Kunststoffisolation verlangten nach Endverschlüssen, welche den Merkmalen

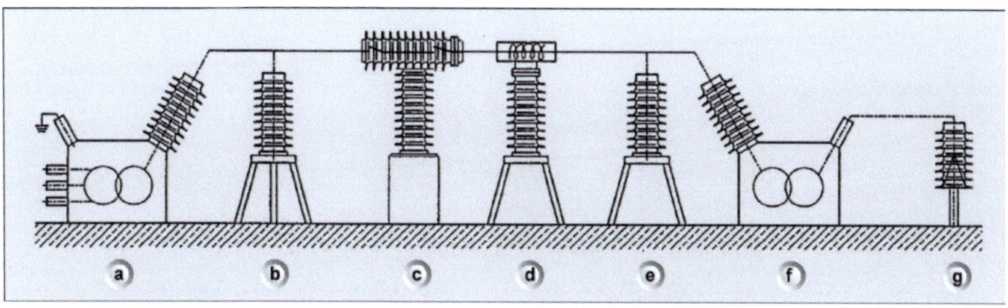

a Durchführung für Maschinentrafo
b Überspannungsableiter
c Leistungsschalter
d Stromwandler
e Spannungswandler
f Durchführung für Verteiltrafo
g Kabelendverschluss

Abb. 1-5 Mögliche Einsatzstellen für Verbundisolatoren in Freiluftanlage [Papailiou, 1997b]

Abb. 1-6 800 kV HVDC Wanddurchführung

Abb. 1-7 170 kV Ixosil Kabelendverschlüsse

und Möglichkeiten des Kunststoffkabels richtig angepasst sind. So wurden schon seit den siebziger Jahren aufschiebbare Silikonendverschlüsse entwickelt und erfolgreich im In- und Ausland eingesetzt (Abb. 1-7).

Verbundisolatoren für elektrische Apparate sind primär Hohlkörperisolatoren, bestehend aus einem GFK (glasfaserverstärkter Kunststoff)-Rohr und einer Silikonbeschirmung. Deren nicht ganz simple „Mechanik" einschl. entsprechender FEM-Simulationen (FEM = Finite Elemente Methode), wurde in einem vom Verfasser betreuten Kooperationsprojekt gründlich untersucht und in [Bonhôte et al. 2003] vorgestellt und erläutert.

1.5 Stand der Normung

Die starke weltweite Nachfrage nach Verbundisolatoren hat die Notwendigkeit von verbindlichen Normen zur Sicherung der Produktqualität und folglich der Versorgungszuverlässigkeit stimuliert [Fluri et al. 2002]. In der internationalen Normung IEC sind heutzutage eine ganze Reihe von Standards verfügbar, die sich mit der Auslegung, relevanten Prüfungen sowie Abnahmekriterien von Verbundisolatoren befassen. Die wichtigsten davon seien im Folgenden kurz erwähnt:

- IEC 61109: Verbundleitungsisolatoren
- IEC 61462: Verbundhohlisolatoren
- IEC 61466: Festigkeitsklasse und Endarmaturen von Verbundleitungsisolatoren
- IEC 61952: Verbundleitungsstützer
- IEC 62231: Verbundstationsstützer (bis 245 kV).

Zusätzlich werden in den Normen IEC 61109, 61462, 61952 und 62231 im Rahmen von Designtests (Bauartprüfungen) Mindestanforderungen beschrieben. Aufgrund des unterschiedlichen Entstehungsdatums und dem gewachsenen Erkenntnisstand sowohl aus Laborprüfungen als auch aus Betriebserfahrungen wurden in der Norm IEC 62217 die oben genannten Normen harmonisiert.

Die Auslegung des Kriechwegs von keramischen Isolatoren wurde in der IEC 60815 als Guide beschrieben und bis anhin auf Verbundisolatoren übertragen. Die in der IEC in Arbeit befindliche Neufassung (erschienen sind bis heute Teil 1, 2 und 3) wird als technische Publikation erscheinen und sich in fünf Teilen mit folgenden Details befassen:

- Teil 1: Begriffsdefinition und Bewertung der in-situ-Fremdschichtbelastung
- Teil 2: Auslegung von keramischen Isolatoren bei Wechselspannungsbeanspruchung
- Teil 3: Auslegung von Verbundisolatoren bei Wechselspannungsbeanspruchung
- Teil 4: Auslegung von keramischen Isolatoren bei Gleichspannungsbeanspruchung
- Teil 5: Auslegung von Verbundisolatoren bei Gleichspannungsbeanspruchung.

Auf die eine oder andere dieser Normen wird im Korpus dieser Arbeit Bezug genommen und es wird dort diese näher erläutert. Im Anhang sind die gebräuchlichsten Normen für Verbundisolatoren aufgelistet einschliesslich der z.Zt. verfügbaren Übersetzungen dieser Normen in deutscher Sprache.

2 Verbundlangstabisolatoren

2.1 Anwendungen von Verbundlangstabisolatoren

Die Bezeichnung „Langstab“ wird eigentlich für eine besondere Bauweise von Porzellanisolatoren verwendet, welche zuerst in Deutschland in der 20er Jahre eingeführt worden sind als Alternative (und auch für kritische Umweltbedingungen, z.B. hohe Verschmutzung) zu den Kappenisolatoren. Der Aufbau eines Verbundlangstabes wird in Abb. 2-1 gezeigt. Man erkennt den glasfaserverstärkten Kern (GFK), die Metallarmaturen und die Silikonbeschirmung.

Die Verbundlangstabisolatoren profitieren von den Herstellungsmöglichkeiten des GFK (glasfaserverstärkter Kunststoff) Stabes und insb. von der Möglichkeit GFK-Stäbe praktisch endlos in technisch genutzten Längen bis zu 20 m in einem Stück zu produzieren, was gar nicht möglich ist mit den klassischen Isolatorenmaterialien wie Porzellan und Glas. Verbundlangstabisolatoren werden heute produziert in Längen von 10 bis 50 cm für Nieder- und Mittelspannungsnetze, bis zu 10 m und darüber für die UHV-Netze von heute, (Abb. 2-2).

Verbundlangstabisolatoren werden hauptsächlich verwendet in Hängeketten in Tragmasten bzw. als Abspannketten in Abspann- und Endmasten (Abb. 2-3 & Abb. 2-4). Sie werden auch eingesetzt in den Schlaufen oder aber in den

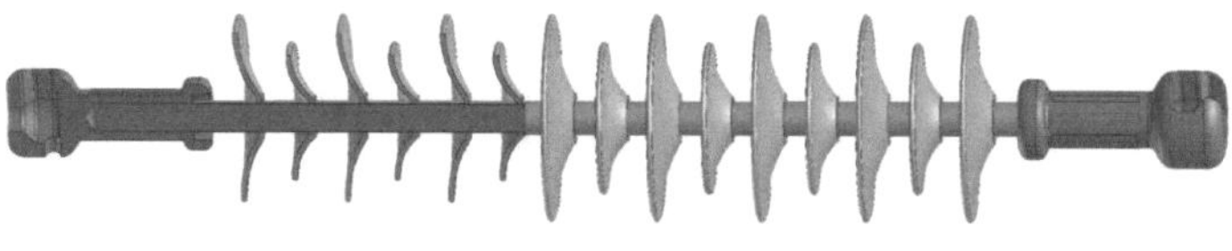

Abb. 2-1 Verbundlangstabisolator: Aufbau

Abb. 2.2 6 m langer Verbundlangstab in der Fertigung

Abb. 2-3 Hängekette

Portalen von Freiluftschaltanlagen. In einigen Fällen sind Verbundlangstäbe in den Abspannungen von Holzmasten, und – eher selten – in den Verankenrungen von abgespannten Hochspannungsmasten zu finden.

Da sie im Gegensatz zu Porzellan- und Glasisolatoren bis zu den höchsten Spannungen aus einem Stück gebaut werden können, wiegen sie ein Bruchteil

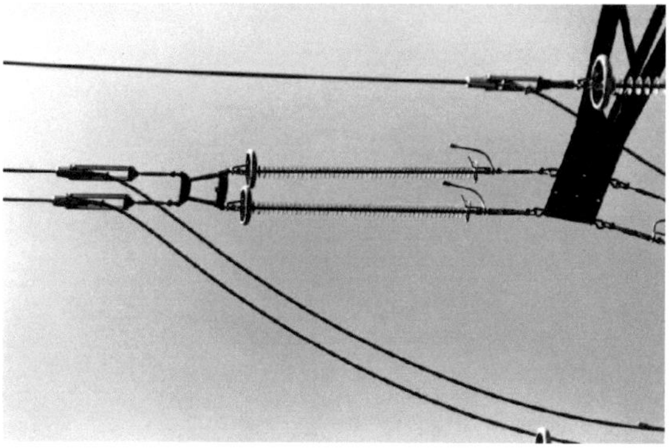

Abb. 2-4 Abspannkette

von konventionellen Isolatoren (bei 420 kV wiegen sie ca. 10% von einem vergleichbaren Porzellanlangstab). Deswegen werden sie auch gern eingesetzt in speziellen Mastdesigns, wie z.B. beim sog. "*chainette*" Mast, (Süd-Afrika, Argentinien), Abb. 2-5, oder bei der Tragabspannung zur Einsparung von Masthöhe, Abb. 2-6.

Mit dem zunehmenden Einsatz von Kompaktleitungen auch für Spannungen von 400kV und darüber, findet man diese Isolatoren als Tragelement bei den sog. Isoliertraversen, Abb. 2-7, s. a. Kapitel 4 *"Kompaktleitungen"*.

Millionen von Verbundlangstäben sind seit vielen Jahren im Einsatz in der Mittelspannungsebene bei den verschiedensten Masttypen (Holz, Stahl, Beton) und für eine Vielzahl von Anwendungen, Abb. 2-8 (Tragmaste, Winkelmaste, Endmaste, Mast-Trafostationen).

Abb. 2-5 Chainette-Mast

Abb. 2-6 Tragabspannung

Abb. 2-7 420 kV Isoliertraverse

Abb. 2-8 20 kV Isolatoren am Holzmast

In der Zwischenzeit wurden die Verbundisolatoren und insb. deren Vorteile unter extremer Verschmutzung auch von den Bahnbetreibern „entdeckt“ und so werden sie vermehrt auch in der Fahrleitung eingesetzt.

2.2 Das Verhalten von Verbundlangstabisolatoren unter mechanischer Beanspruchung

Wie man aus den obengenannten Anwendungen für Verbundlangstäbe erkennt, werden diese primär auf Zug belastet. Diese Isolatoren können aber während der Montage z. T. auf Torsion belastet werden. Aus diesem Grund wird auch diese Beanspruchungsart kurz besprochen, da die GFK-Stäbe recht „empfindlich“ auf Torsion reagieren. Zudem wird auf deren Langzeitverhalten und die dabei auftretenden Schadensmechanismen und den zugehörigen Langzeitversuchen eingegangen. Anschliessend werden die heute üblichen analytischen Methoden präsentiert, von den einfachen Formeln für “das Tagesgeschäft” bis zu computergestützten Simulationsberechnungen. Das mechanische Verhalten von Verbundlangstäben wird oft bestimmt durch die Qualität und die Applikationsprozesse der dazugehörigen Armaturen, die dann detailliert beschrieben werden. Abschliessend wird auf die erforderlichen mechanischen Prüfungen, wie diese in den internationalen Standards vorgesehen sind, verwiesen.

Das Material für die Kernstäbe der hier behandelten Verbundisolatoren ist ein glasfaserverstärkter Kunststoff (GFK). Solche Stäbe werden üblicherweise im Pultrusionsverfahren hergestellt, d. h deren Glasfasern sind uniaxial und in Richtung der Stabachse gerichtet. Dadurch weist der Stab unterschiedliche Materialeigenschaften in Stabrichtung und quer dazu auf; man sagt, der Stab ist orthotrop (orthos gr.:senkrecht, tropos gr.: hier Eigenschaft).

Die Elastizitätskonstanten und die Festigkeitswerte der hier verwendeten Stäbe, wurden durch aufwendige Versuche ermittelt [Prenleloup 2008] und sind in den Tabellen 2-1 und 2-2 zusammengefasst.

2.2.1 Die Dauerstandfestigkeit von Verbundlangstabisolatoren

Trotz der vielen Vorteilen von Verbundisolatoren gegenüber Porzellan- und Glasisolaren, mussten insb. die Hersteller von Verbundisolatoren recht lange "Überzeugungsarbeit" leisten, bis diese eine breite Akzeptanz gefunden haben. In den frühen Jahren dieser Technologie – das waren die siebziger Jahre des 20. Jh. – hatte sich die Ansicht sowohl bei den Herstellern als auch bei den Anwendern – primär sind es die Netzbetreiber – durchgesetzt, dass letztendlich geeignete Qualifikationsprüfungen erforderlich wären, um einerseits die Beständigkeit des Isolationsmaterials unter widrigen Umweltbedingungen – dafür wurden entsprechende beschleunigte Prüfungen entwickelt – und andererseits deren Langzeitverhalten unter mechanischer Belastung nachzuweisen. Die Grundsatzarbeiten auf diesem Gebiet stammen von Claude de Tourreil und seiner CIGRE-Arbeitsgruppe und werden im Folgenden präsentiert.

De Tourreil und seine Mitarbeiter bei IREQ haben in recht aufwendigen Langzeitversuchen (einzelne Prüfungen haben bis zu drei Jahren gedauert) Isolatoren von drei verschiedenen Herstellern genannt A, B und C, geprüft, [de Tourreil et al. 1985], wobei sich diese Isolatoren im Wesentlichen in der

Tab. 2-1 Elastizitätskonstanten des GFK-Stabes

E-Modul		Schubmodul		Poissonzahl	
E_L	E_T	G_{TT}	G_{LT}	ν_{TT}	ν_{LT}
(GPa)	(GPa)	(GPa)	(GPa)	(–)	(–)
44	10.3	4.3	5.1	0.5	0.32

Tab. 2-2 Festigkeitswerte des GFK-Stabes

Festigkeit	Wert (MPa)
Longitudinal (Zug)	1038
Longitudinal (Druck)	–794
Transversal (Zug)	32
Transversal (Druck)	–141
Longitudinal-transversal (Schub)	54

Technologie der Endarmaturen sich voneinander unterschieden: Isolator A verwendet eine Konusarmatur, Isolator B eine Pressarmatur und Isolator C eine Keilarmatur (Abb. 2-9).

In der ersten Versuchsserie ging es darum die Bruchkraft der Isolatoren in Abhängigkeit von der Umgebungstemperatur zu bestimmen und dies in einem Bereich von -25°C bis zu 100°C. Die Ergebnisse werden in Abb. 2-10 präsentiert.

Wie man sieht, steigt die Bruchkraft bei allen drei Isolatorentypen bei fallender Temperatur, was vor allem bei deren Einsatz im kalten Klima ein Vorteil ist, da dann durch Ansteigen der Seilkräfte auch die Isolatoren höhere Zugkräfte zu tragen haben. Man stellt weiterhin fest, dass sich das Kraft-Temperaturverhalten bei den drei Isolatorentypen sich wesentlich unterscheidet. Isolatoren mit Pressarmaturen reagieren weniger empfindlich auf Temperaturveränderungen, sogar bei tiefen Temperaturen, wo man durch die unterschiedlichen Wärmeausdehnungskoeffizienten vom GFK-Stab und Stahl einen negativen Einfluss auf die Bruchkraft erwartet hätte.

In der zweiten Testserie ging es um die Bestimmung der Dauerstandfestigkeit der Isolatoren. Konkret wird dabei die Zeit bis zum Bruch bei einer konstanten Zuglast ermittelt. Das Ergebnis dieser Prüfung wird in Abb. 2-11 grafisch dargestellt. Es handelt sich dabei um einen Isolator mit Pressarmaturen, welche heute am häufigsten verwendet werden. Zudem hat dieser Armaturentyp das beste Langzeitverhalten gezeigt, wobei eine relativ grosse Streuung der

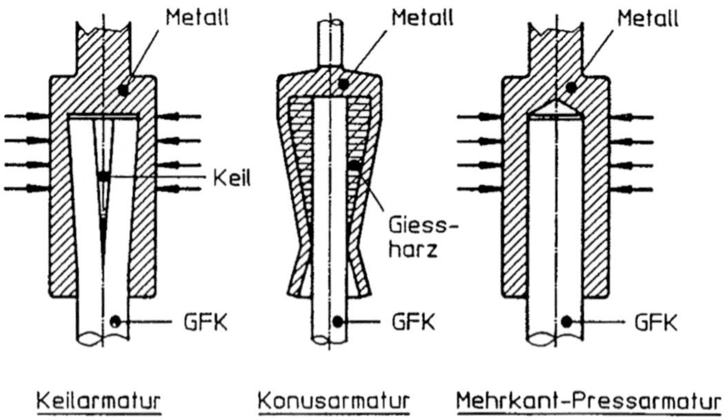

Abb. 2-9 Verschiedene Armaturentypen von Verbundlangstäben [de Tourreil et al. 1985]

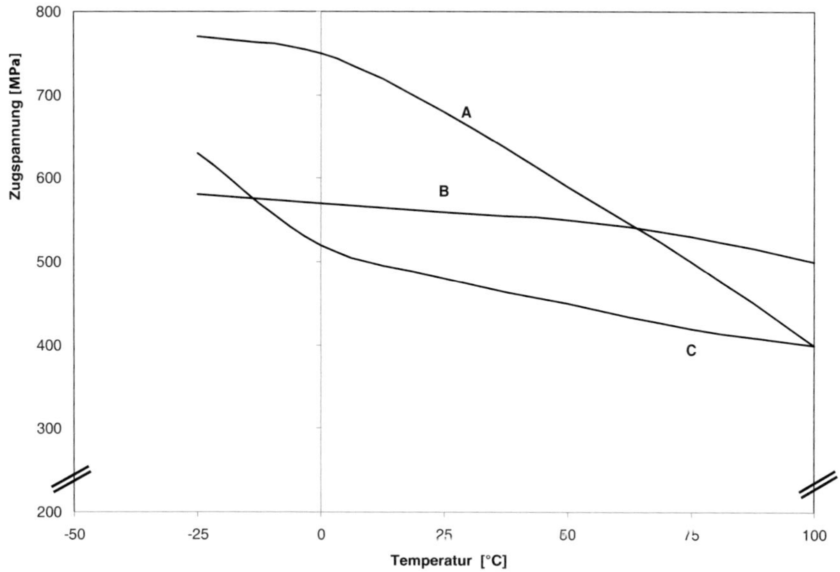

Abb. 2-10 Bruchkraft von drei Verbundisolatoren mit verschiedenen Armaturen in Abhängigkeit von der Temperatur [de Tourreil et al. 1985]

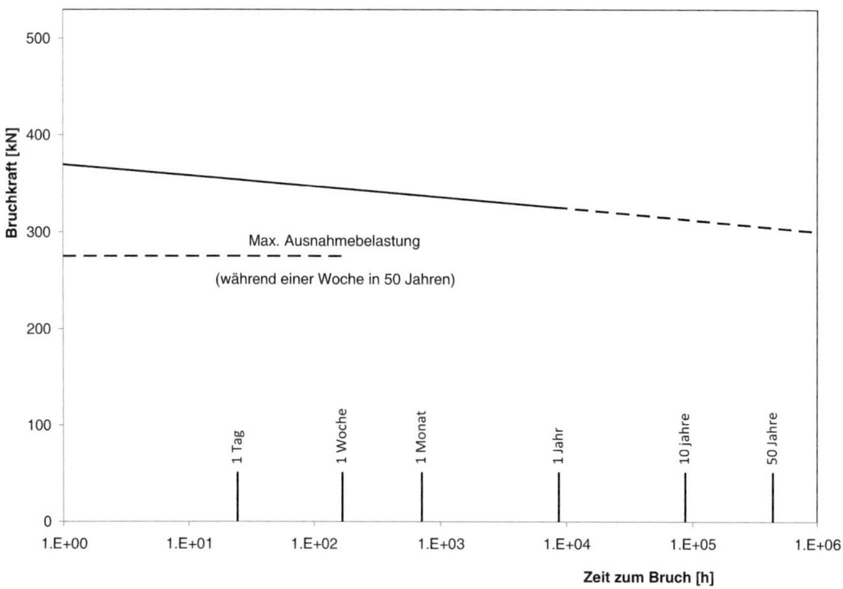

Abb. 2-11 Last-Zeit Kurve von einem Isolator mit Pressarmatur bei 23°C [de Tourreil et al. 1985]

Messresultate für eine gewisse Belastung auftritt, welche bis zu drei Grössenordnungen in der Zeitskala sich ausdehnen kann.

Interessant ist auch die Tatsache, dass die Abfallrate der Last-Zeitkurve mit der Temperatur leicht ansteigt, wie dies in Abb. 2-12 für den Isolator B (mit Pressarmaturen) gezeigt wird, welcher auch hier sich besser verhält als die Isolatoren A (Konus) und C (Keil).

Der Betriebseinsatz wurde in einer Freiluftprüfanlage simuliert, wo die Isolatoren unter gleichzeitiger Anlegung einer Wechselspannung und den klimatischen Einflüssen mit einer konstanten Kraft belastet wurden, wobei die Wechselspannung (60 Hz) ca. 10% höher als die Isolatornennspannung war und die Umweltbedingungen sich über Wintertemperaturen bis zu -30°C, Sommertemperaturen bis zu +30°C sowie Sonneneinstrahlung, Regen und Schnee bzw. Eis erstreckten. Unter diesen Bedingungen hat zwar die Last-Zeitkurve ihre (negative) Steigung beibehalten, Abb. 2-13, sie hat sich aber parallel bis auf das Niveau der 50°C Kurve (s. a. Abb. 2-12) „nach unten" parallel verschoben.

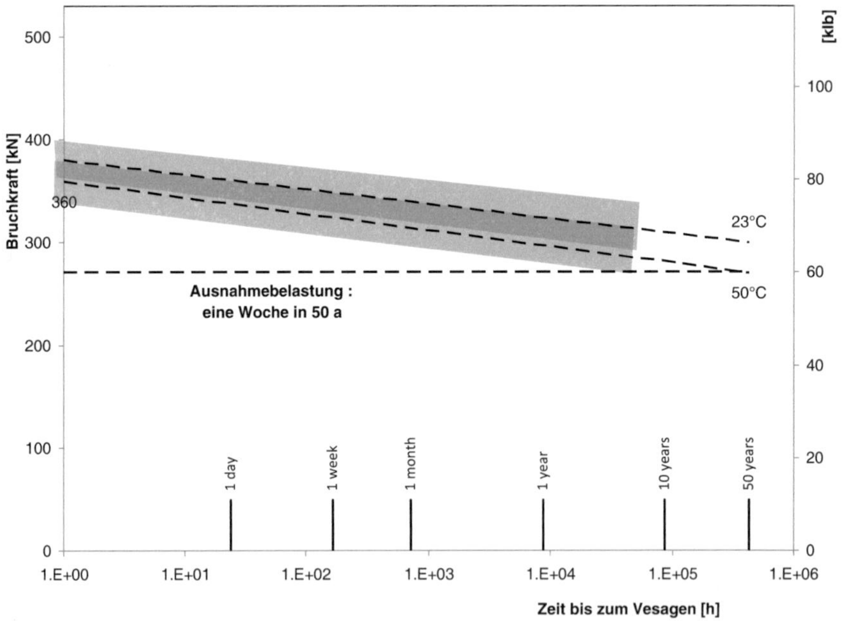

Abb. 2-12 Vergleich der Last-Zeit Kurven für einen Isolator mit Pressarmatur bei 23°C und 50°C [de Tourreil et al. 1985]

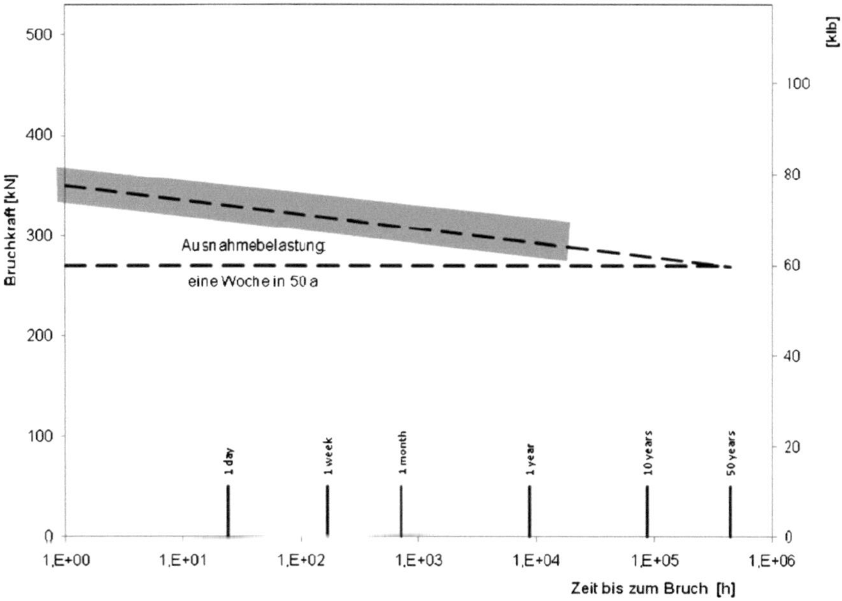

Abb. 2-13 Last-Zeit Kurve von einem Isolator mit Pressarmatur unter mechanischen, elektrischen und klimatischen Beanspruchungen [de Tourreil et al. 1985]

De Tourreil hat zu einem späteren Zeitpunkt [de Tourreil 1990] ähnliche Versuche durchgeführt, diesmal aber mit kleineren Stabdurchmessern (bis zu 20 mm), deren Ergebnisse in Tab. 2-3 zusammengefasst sind. In Abb. 2-14 dagegen, sind die gemessenen Last-Zeit Kurven aller dieser Prüflinge dargestellt und zwar normiert auf die jeweilige Bruchkraft (100%-Wert). Auch bei diesen Versuchen haben die Isolatoren mit Pressarmaturen und insb. der Isolator mit einer aufgezogenen Koaxialarmatur die besten Ergebnisse erzielt.

Diese wegweisenden Versuche haben klar demonstriert, dass ein Verbundi-

Tab. 2-3 Vergleich der Bruchlasten und der Bruchspannungen von Langstabverbundisolatoren mit verschiedenen Armaturen

Armaturentyp	Mittlere Bruchlast [kN]	GFK-Bruchspannung [MPa]
Konusarmatur	176 ± 6	823
Mehrkantpressarmatur	219 ± 1	796
Koaxialarmatur	338 ± 4	1076

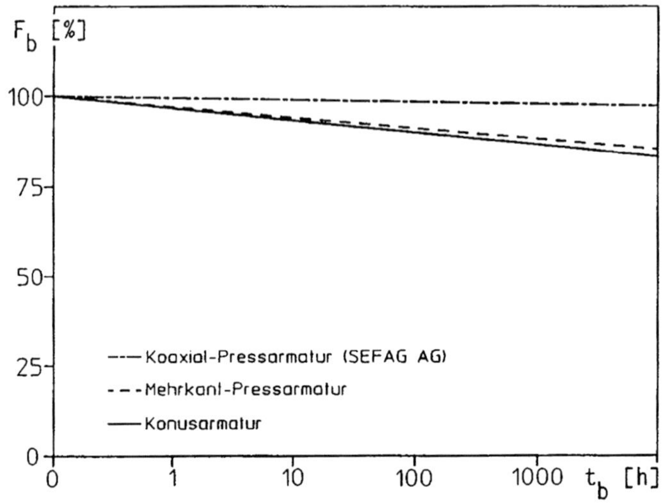

F_b Bruchlast in Abhängigkeit von t_b, bezogen auf die Kurzzeitbruchlast
t_b Zeit bis zum Bruch bei statischer Zugbeanspruchung

Abb. 2-14 Last-Zeit Kurven von Verbundlangstäben mit verschiedenen Armaturen normiert auf die jeweilige Bruchkraft [de Tourreil 1990]

solator mit einer konstanten Zugkraft (die einen gewissen Grenzwert – *Damage Limit* überschreitet) belastet, nach einer gewisser Zeit – deren Dauer von der Grösse der angewandten Kraft abhängt – versagen wird. Das Versagen findet allerdings bei einem Kraftniveau statt, welches um Einiges tiefer als die statische Bruchkraft des Isolators liegt. Diese Feststellung ist von grundlegender Bedeutung für die Dimensionierung solcher Isolatoren, da jetzt nicht nur die Belastung sondern auch die Belastungsdauer berücksichtigt werden sollte. Dieser Sachverhalt hat verständlicherweise in den betroffenen Fachkreisen insb. der Leitungsbauingenieure, für eine gewisse Unsicherheit gesorgt und man begann mit weiteren Untersuchungen mit dem Ziel die physikalischen Zusammenhänge besser zu verstehen. Zudem wurde in der damals neu entstehenden Norm IEC 61109/92 über die Standarisierung der Prüfungen für Verbundisolatoren ein neuer Test eingeführt, welcher sicherstellen sollte, dass Verbundisolatoren auch nach langen Belastungszeiten nicht plötzlich versagen würden. Der erste Testvorschlag war leider unrealistisch und wurde erst in den letzten Jahren von einem "vernünftigen" Test abgelöst. Es ist instruktiv an diese Entwicklung im Folgenden zu erinnern [Lumb & Papailiou 1997].

2.2.1.1 Die Dauerkraftkurve von Verbundisolatoren nach IEC 61109/92

In der „alten" IEC 61109/1992 sind im Wesentlichen drei Prüfungen zur Ermittlung der mechanischen Festigkeit von Verbundisolatoren vorgesehen: Im Annex A wird im Rahmen einer *Bauartprüfung* auf das Langzeitverhalten von Verbundisolatoren eingegangen und es werden die dazugehörenden Versuche beschrieben. Dort wird auch darauf hingewiesen, dass die Zugfestigkeit von Verbundisolatoren aufgrund von Kriechvorgängen mit der Zeit abnimmt; diese Abnahme könne man als linear mit dem Zehnerlogarithmus der Zeit der Lastanwendung annehmen. Grafisch dargestellt wird dieser Sachverhalt durch die Gerade *a* in Abb. 2-15. Der Wert F_{Br} bedeutet die im Zugversuch (1-min-Prüfung) ermittelte mittlere *Bruchkraft* von drei Prüflingen. Die Norm verlangt weiterhin, dass die Neigung der Geraden *a* maximal 8 % pro Zeitdekade betragen darf. Dies ist experimentell mit einer 96-Stunden-Dauerprüfung von weiteren drei Prüflingen – belastet mit 60% der vorher ermittelten mittleren Bruchkraft F_{Br} – zu überprüfen, wie in Abb. 2-15 angedeutet wird.

Weiter wird in der Norm die sogenannte *Nennkraft* (engl.: *SML = specified mechanical load*) eingeführt. Sie ist definiert als die Kraft, die nach einer 96-h-Dauerprüfung mit 70% der (vom Hersteller angegebenen) Nennkraft des Isolators in einem anschliessenden 1-min-Zugversuch gehalten wird, und ist in der *Typenprüfung* zu bestimmen, Gerade b in Abb. 2-16. Schliesslich ist

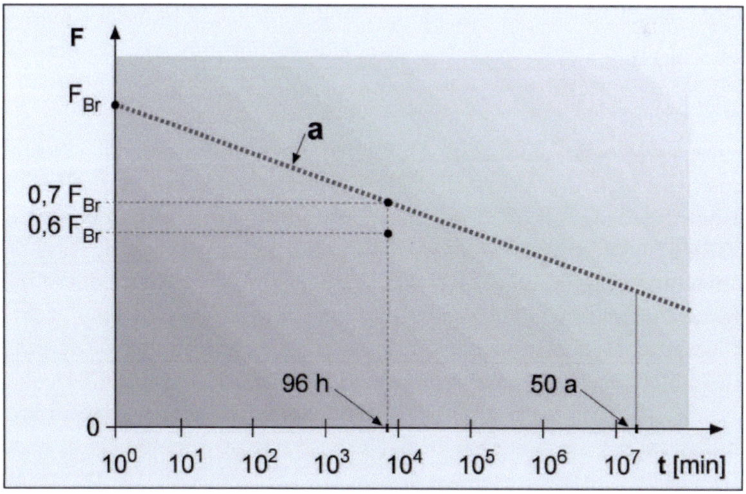

Abb. 2-15 Ermittlung der Dauerstandskurve eines Verbundisolators nach der „alten" IEC61109/92 [Lumb & Papailiou 1997]

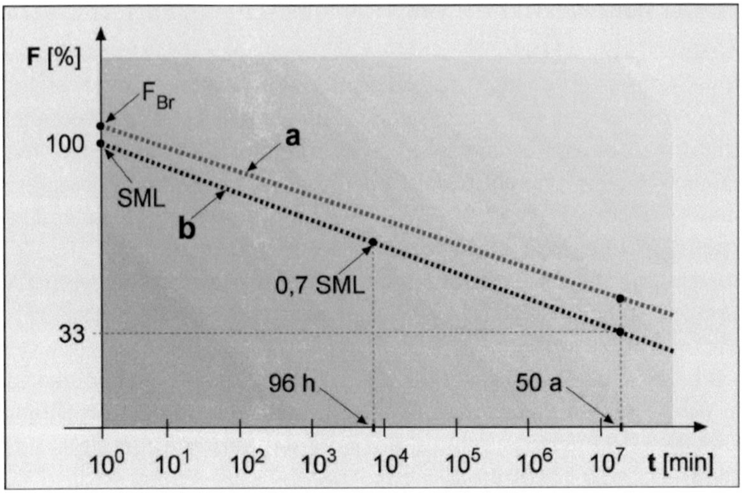

Abb. 2-16 Ermittlung der Nennkraft (SML) eines Verbundlangstabisolators [Lumb & Papailiou 1997]

eine *Stückprüfung* vorgesehen mit einer *Stückprüfkraft* (engl.: *RML = routine mechanical load*), die 50% der Nennkraft beträgt und bei jedem Isolator vor der Auslieferung im Zugversuch nachgewiesen werden muss.

So wichtig es in der Zeit der Normerstellung war, auf diese Besonderheit des mechanischen Langzeitverhaltens von Verbundisolatoren hinzuweisen, so sehr hat diese Darstellung die Anwender irritiert und oft zu überflüssigen Überdimensionierungen geführt. Zwei Gründe sind im Wesentlichen dafür verantwortlich:

Erstens suggeriert der lineare Abfall der Dauerkraftkurve in der Norm, dass diese Bruchkraft eines Verbundisolators mit der Zeit kontinuierlich abnimmt. Dabei wird gedanklich oft übersehen, dass diese Kurve die Lebensdauer bis zum Bruch eines Verbundisolators lediglich für den Fall angibt, dass er *dauernd* mit einer bestimmten Zugkraft belastet wird. Und zweitens impliziert der lineare, unbegrenzte Kurvenabfall, dass nach einer endlichen – wenn auch recht langen – Betriebszeit die Zugfestigkeit des Verbundisolators praktisch auf null absinken würde, was zur absurden Schlussfolgerung führt, dass ein Verbundisolator, der im Lager „vergessen“ worden ist, eines fernen Tages von sich aus in zwei Teile zerfallen wird. Dass dies nicht stimmen kann, sagt nicht nur der gesunde Ingenieurverstand, sondern belegen auch die nachfolgenden experimentellen Tatsachen und physikalischen Überlegungen.

2.2.1.2 Mechanisches Modell für das Langzeitverhalten von Verbundisolatoren

Das mechanische Verhalten und insb. der zeitabhängige Versagensmechanismus eines GFK-Stabes unter einer Dauerzuglast kann qualitativ wie folgt erläutert werden. Da die Harzmatrix des Stabes sich sehr stark dehnen kann, die Glasfasern sich dagegen kaum plastisch deformieren (spröder Werkstoff), findet innerhalb einer recht kurzen Zeit nach Aufbringen der äusseren Zugbelastung eine fast vollständige Übernahme der Last durch die Glasfasern statt. Dabei ist zu berücksichtigen, dass die Eigenschaften der Glasfasern statistisch stark variieren. Die im Schnitt rund 800 000 einzelnen Glasfasern eines GFK-Stabes von 16 mm Durchmesser weisen nicht nur unterschiedliche Zugfestigkeiten auf. Auch der Faserquerschnitt F und in gewissen Grenzen der Elastizitätsmodul E der Faser schwanken von Faser zu Faser, womit die gesamte auf den GFK-Stab wirkende Zugkraft auf die einzelnen Fasern entsprechend deren Dehnsteifigkeiten $DS = E \cdot F$ verteilt wird. Das heisst, je grösser die Dehnsteifigkeit einer Faser ist, desto mehr Kraftanteile muss diese tragen und da, wie gesagt, auch die Zugfestigkeit der Faser einer gewissen statistischen Streuung unterliegt, werden einige schwächere Glasfasern brechen.

Der hier besonders interessierende zeitabhängige Versagensmechanismus vom GFK-Stab, basiert auf der Lastumlagerung von den gebrochenen Fasern auf Nachbarfasern, Abb. 2-17. Diese geht so vor, dass wenn, aus welchen Gründen auch immer, eine Glasfaser bricht, überträgt zum einen die die Glasfaser umhüllende Harzmatrix über die Schubspannungsverteilung die axiale Last auf die zylindrische Oberfläche der gebrochenen Faser, wodurch letztere ab einer gewissen Entfernung von der Bruchfläche gar nichts vom Bruch „merkt". Zum zweiten überträgt die Matrix die ursprüngliche Last von der gebrochenen Faser

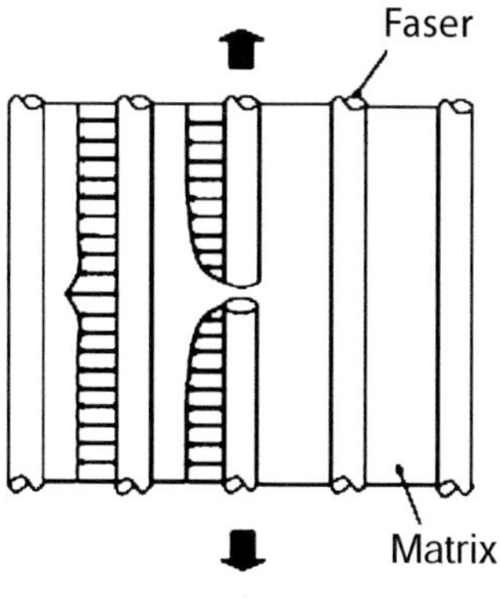

Abb. 2-17 Lastumlagerungsvorgänge in den Fasern eines GFK-Stabes unter axialer Belastung

auf die gesunden Nachbarfasern, welche dadurch höher belastet werden, was wiederum dazu führt, dass diese Nachbarfasern in der Nähe der Bruchstelle der gebrochenen Faser höher beansprucht werden. In Abb. 2-16 wird versucht diesen physikalischen Prozess schematisch darzustellen.

Da aber die Haftung zwischen Glasfasern und Harzmatrix einer Relaxation unterliegt, hat dies zur Folge, dass die „Lastumlagerungsfähigkeit" des Faser-Matrix-Verbundes mit der Zeit nachlässt und zwar umso mehr wie die Grenzfläche zwischen Faser und Harzmatrix belastet wird. Dadurch wird zunehmend die Last die von den gebrochenen Fasern noch getragen werden konnte, voll auf die gesunden Faser übertragen, welche nach dem gleichen Mechanismus nach einer gewissen Zeit auch versagen werden, bis zum Bruch aller Faser und somit des GFK-Stabes. Es leuchtet ein, dass je höher die Belastung desto mehr Fasern werden in recht kurzer Zeit brechen und umso schneller verlaufen die geschilderten Relaxationsvorgänge. Liegt aber die gesamte Anfangslast unterhalb eines bestimmten Grenzwertes, eben der Grenzkraft (engl.: *DLL* = *damage limit load*), dann brechen aufgrund dieses Modells praktisch keine Fasern, auch wenn die Last beliebig lange am Isolator anliegt. Konservative Schätzungen weisen darauf hin, dass diese Grenzkraft mit mindestens 50% der Nennkraft angesetzt werden kann. Diese Betrachtungen gelten nur für das Versagen des Stabes ohne Berücksichtigung der Armatur.

Dieses Modell wurde durch mehrere voneinander unabhängigen Untersuchungen bestätigt [Paris et al. 1994], welche gezeigt haben, dass die Dauerkraftkurve von richtig ausgelegten Verbundisolatoren, entgegen der Darstellung in Abb. 2-16, nicht linear ist [Lumb & Papailiou 1997]. Man stellt fest, dass die gemessenen Kurven am Anfang relativ steil abfallen, sich aber nach langer Zeit asymptotisch einem unteren Grenzwert, der sogenannten Grenzkraft, nähern. Dies bedeutet, dass ein Verbundisolator „unendlich" lange einen bedeutenden Teil seiner ursprünglichen Bruchkraft F_{Br} beibehält.

In Abb. 2-18 sind z.B. die Ergebnisse mehrerer Versuche zusammengetragen, welche diesbezüglich bei IREQ in den 80ger Jahren durchgeführt worden sind. Dabei bedeutet F die auf den 1-Minuten-Wert normierte Bruchkraft und t die Zeit bis zum Versagen in min (logarithmisch aufgetragen); die gestrichelte Gerade bei 60% weist auf DLL, den *damage limit load* hin.

Auch praktische Erfahrungen bestätigen diese Aussagen. So berichtet De Tourreil [Paris et al. 1994, Diskussion], dass er die Eine-Minute-Bruchkraft M_{av} an Freileitungsverbundisolatoren gemessen hat, welche 12 Jahre lang in Betrieb waren. Dabei konnte kein wesentlicher Unterschied zur Bruchkraft der gleichen Isolatorenfamilie im Neuzustand festgestellt werden. Auch spätere Ergebnisse von mechanischen Versuchen an 132 kV und 420 kV Isolatoren

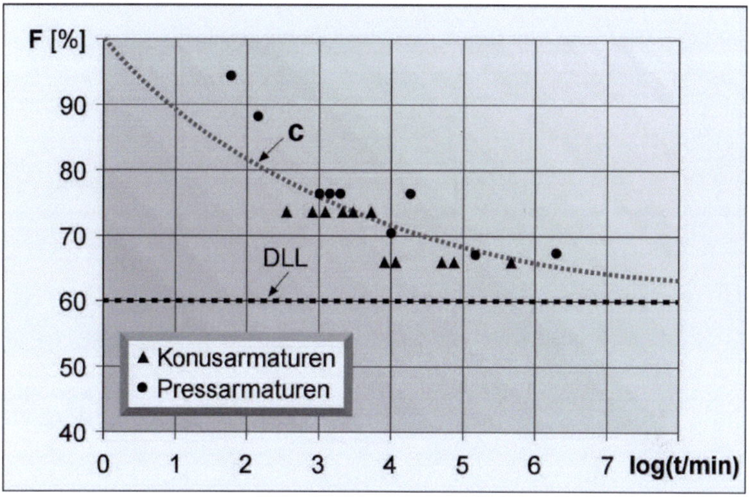

Abb. 2-18 IREQ Prüfresultate des statischen Langzeitverhaltens von Isolatoren verschiedener Hersteller [Paris et al. 1994, Diskussion de Tourreil]

nach mehr als 20 Jahren in Betrieb, bestätigen diese Aussagen [Ammann et al. 2008].

Das bessere Verständnis der physikalischen Vorgänge bei der Zugbelastung von Verbundisolatoren, sowie die ausgiebigen Versuche und die positiven Betriebserfahrungen wurden bei der Standarisierung berücksichtigt und dazu geführt, dass die Bauart- und Typenprüfungen in der IEC 61109, Ed 02 entsprechend angepasst worden sind. Die neue Ausgabe der IEC 61109 (2008) verlangt, Abb. 2-19:

- Eine 96 Stunden-Prüfung, als Bauartprüfung, um die „Lage“ der Last/Zeit Kurve des Isolators festzustellen (Wertepaare D1 und D2).
- Eine Grenzlastprüfung, als Typenprüfung, zur Ermittlung der Grenzlast, nachdem der Isolator mit einer konstanten Last von 0.7 SML, 96 h lang belastet wurde (Wertepaare T1 und T2).

Die Bauartprüfung ermittelt einerseits M_{av} (av: *average failing load of the assembled core*) und dadurch den Anfangspunkt der tatsächlichen Last-Zeit Kurve des Isolators und andererseits die minimale Grenzlast unter welcher nach dem oben gesagten keine mechanische Schädigung des Isolators auftreten sollte und zwar durch einen Dauerversuch bei welchem eine Last von

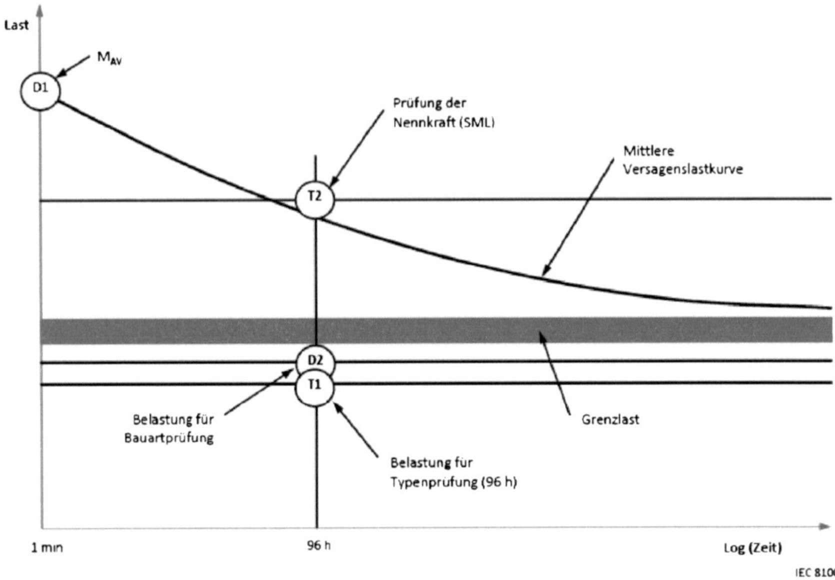

Abb. 2-19 Prüflasten nach der „neuen" IEC 61109, Ed 02 (2008)

0,60 M_{av} über 96 h gehalten werden muss. Die Wahl dieser Testparameter ist erläuterungsbedürftig.

Die Prüfdauer von 96 h wurde auch unter Berücksichtigung der praktischen Möglichkeiten von entsprechenden Prüflabors gewählt, weil diese einerseits in der Mitte der logarithmischen Zeitskala von 1 Minute bis 50 Jahre liegt. Andererseits wurde die Höhe der Belastung mit 60% M_{av} definiert, weil bei drei Prüflingen, welche diesen 96 h Test mit 0.60 M_{av} bestanden haben, eine 90%ige Wahrscheinlichkeit besteht, dass deren mittlerer Bruchlast bei 96 h mindestens 0.70 M_{av} beträgt. Das ergibt sich aus dem Verlauf der Gauss-Verteilung für drei Prüflinge:

$$M_{96} - 1.820\ \sigma_M \tag{2.1}$$

mit M_{96} die mittlere 96h-Bruchlast und σ_M die Standardabweichung.

Wird darin der eher konservative Wert für die Standardabweichung von σ_M = 0.08 eingesetzt, so folgt:

$$0.7 \cdot M_{\mathrm{av}}(1 - 1.820 \cdot 0.08) = 0.60 \cdot M_{\mathrm{av}} \tag{2.2}$$

womit die Annahme von 0.60 M_{av} begründet ist.

Die oben zitierte Norm [IEC 61109, Ed. 2, 2008] erlaubt auch die „echte“, aus Zugversuchen ermittelte Standardabweichung zur Bestimmung der 96h-Haltekraft zu verwenden, falls mehr als zehn solche Versuche durchgeführt worden sind.

Es sei an dieser Stelle bemerkt, dass moderne Verbundisolatoren von renommierten Herstellern, wenn sie geprüft werden, einen Variationskoeffizienten für deren Bruchlast von maximal 5% aufweisen sollten.

2.3 Verhalten von Verbundlangstabisolatoren bei dynamischer Belastung

Freileitungsverbundisolatoren sind den gleichen Belastungen, insb. den gleichen dynamischen Belastungen, ausgesetzt, wie die anderen Komponenten einer Freileitung. Zu den dynamischen Belastungen gehören primär Belastungen durch winderregte Schwingungen, wie z.B. aeolische Schwingungen, Teilfeldschwingungen und das gefürchtete Galopping. Diese Schwingungsarten sind z.B. in [Papailiou 2004] im Detail beschrieben. Im Folgenden wird nun auf das Verhalten dieser Isolatoren unter dynamischer Belastung eingegangen.

Bei frühen Experimenten in IREQ wurde die Isolatorenbelastung durch das Galopping simuliert [de Tourreil 1990]. Nach damaligen Abschätzungen könnte ein Leitungsseil, welches „galoppiert“, einen Wechselzug von ± 15 kN mit einer Frequenz von 0,5 Hz den Isolator belasten. Diese Parameter wurden auch gewählt für die Wechselzugversuche an den Isolatoren. Dabei ist wichtig zu wissen, dass die statische Zugbelastung (Mittelzug) so gewählt wurde, dass die Zeit bis zum Versagen eines Isolators innerhalb des für die Versuche verfügbaren Zeitfensters von max. 100 h lag. Dadurch ergaben sich unrealistisch hohe statische Zugbelastungen (im Vergleich zu den Zugbelastungen welche ein Isolator im Betrieb erfährt), womit sich diese Versuche eher als „Benchmark“ zwischen verschiedenen Isolatoren und unterschiedlichen Armaturentechnologien eignen.

Abb. 2-20 zeigt die vier geprüften Isolatoren. Isolatoren A und D1 besitzen eine damals übliche Konusarmatur (s.a. Abb. 2-9), während Isolatoren B und D2 eine heute gebräuchliche Pressarmatur verwenden.

Die folgenden Versagensmodi wurden festgestellt: Es versagten in allen Fällen die GFK-Stäbe, wobei die Brüche an der Übergangsstelle mit der Metallarmatur begannen. Typischerweise starteten die Bruchflächen bei den Isolatoren A und D1 an der Staboberfläche, um sich mit einem Winkel von 45° zur Stabachse bis zur Stabmitte fortzupflanzen mit anschliessender Delamination entlang der Glasfasern. Isolatoren B und D2 versagten entweder

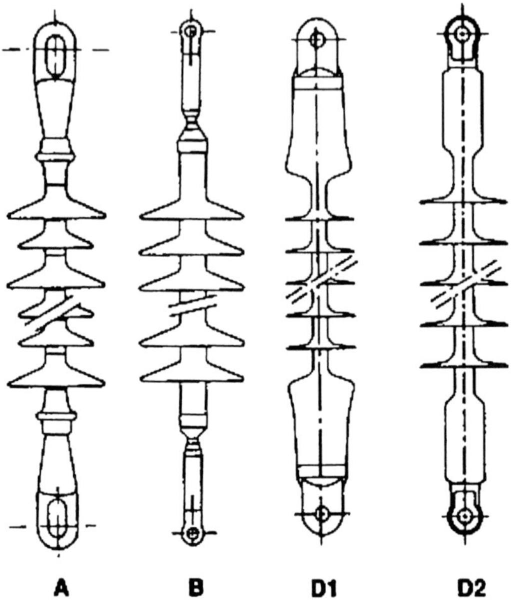

Abb. 2-20 Isolatoren für die dynamischen Versuche [de Tourreil 1990]

durch Ausrutschen des Stabes aus der Metallarmatur (engl. *pull-out*) oder aber durch extensive Delamination. Eher selten traten Stabbrüche in einem Winkel von 45° mit der Stabachse (wie bei A und D1) auf. Diese unterschiedlichen Bruchbilder können inzwischen auf die Art der Belastung des Stabes durch die Metallarmatur zurückgeführt und erläutert werden (s. u. Abschnitt 2.4.7.4, Abb. 2-47).

In Abb. 2-21 sind die Versuchsergebnisse dargestellt. Daraus erkennt man, dass insb. bei den heute üblichen Pressarmaturen, die Auslegung und die Methode der Verpressung sehr wichtig sind für das Verhalten solcher Isolatoren unter Wechselzugbeanspruchung. Während Isolatoren A und D1, beide mit einer Konusarmatur einen ähnlichen Abfall deren Bruchlast nach 100 h (verglichen zur statischen Bruchlast) von ca. 18%-20% aufweisen, zeigen Isolatoren B und D2, beide mit Pressarmaturen aber mit unterschiedlichen Verpressungstechnologien, in dieser Hinsicht markante Unterschiede. Während Isolator B mit einem markanten Abfall von 43% auffällt, "schafft es" Isolator D2 mit „nur" 25%. Es fällt dabei auf, dass der gleiche Isolator D2 auch bei den oben beschriebenen Last-Zeit Versuchen am besten abgeschnitten hat (s. a. Abb. 2-14 und Tab. 2-3).

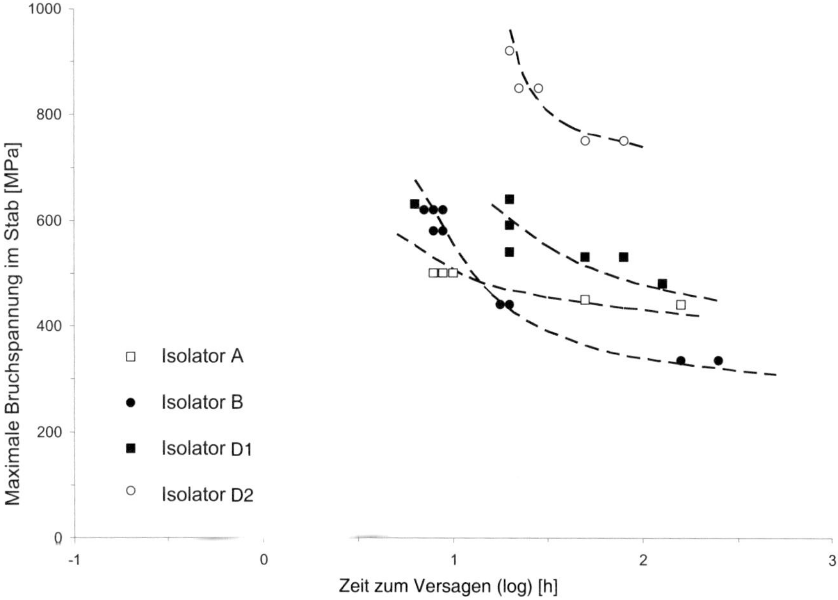

Abb. 2-21 Max. Biegespannung über die Zeit bei den dynamischen Versuchen [de Tourreil 1990]

In letzter Zeit wurde auch das Verhalten von Verbundlangstäben unter Wechsellast, wie diese durch Aeolische Schwingungen entstehen kann, untersucht [Wankowicz et al. 2006]. Die Prüfanlage ist in Abb. 2-22 während der Prüfung eines 220 kV Isolators ersichtlich.

Die Wechselprüfung startete mit einer maximalen Wechsellast in der Grössenordnung der SML, welche vorab an bauartgleichen Isolatoren bestimmt worden war. Die Wechsellast wurde solange reduziert, bis bei 2 Mio. Lastwechsel (als realistisch für den Betrieb angenommen) kein Versagen mehr aufgetreten ist. Abb. 2-23 fasst die Prüfungsergebnisse zusammen, wobei in der Abszisse die Anzahl der Lastwechsel bis zum Bruch und in der Ordinate zum besseren Vergleich das Verhältnis von F_{max}/SML (in %) aufgetragen ist. Diese Art der Darstellung ist als Wöhlerkurve bekannt (engl. *S-N curve*).

Dabei wurden Risse über die gesamte Stabfläche beobachtet, nicht nur in den Grenzbereichen mit der Metallarmatur (Abb. 2-24). Dort sieht man das Schadensbild des 25 mm GFK-Stabes eines 420 kV Isolators in der Nähe der oberen Armatur (SML 210 kN, Prüffrequenz 7 Hz, Prüflast ca. 60% x SML, Anzahl Lastwechsel bis zum Bruch 1.5 Mio.). Allerdings ist hier zu vermer-

Abb. 2-22 Prüfanlage bei der Prüfung eines 220 kV Verbundisolators [Wankowicz et al. 2006]

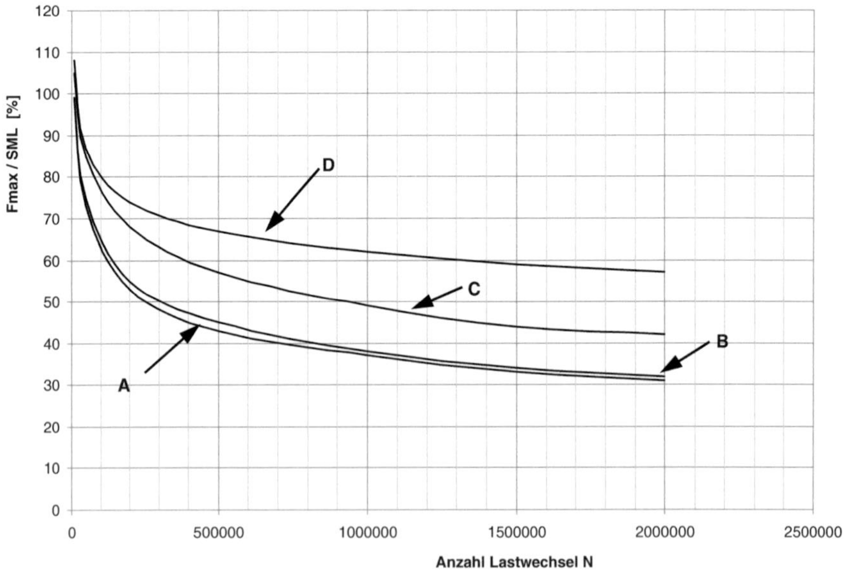

Abb. 2-23 Wöhlerkurve von Verbundlangstäben [Wankowicz et al. 2006]

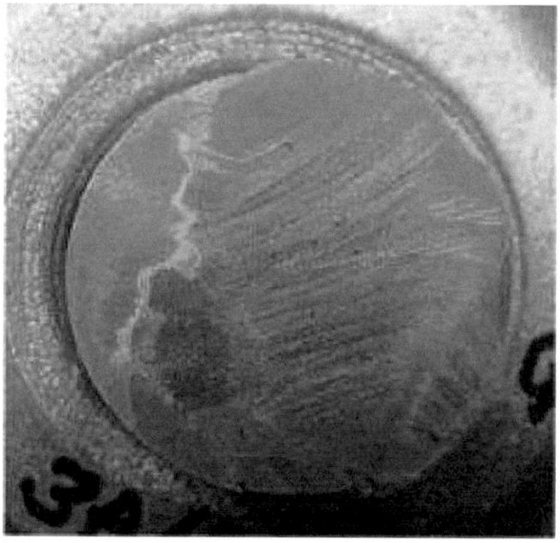

Abb. 2-24 Schadensbild des GFK Stabes [Wankowicz et al. 2006]

ken, dass, wie Abschätzungen des Verfassers basierend auf [Papailiou 1997a] zeigen, sind die bei diesen Versuchen angesetzten Wechselbelastungen, um einiges höher als die Wechselbelastungen welches das dazugehörige Freileitungsseil ermüdungsmässig aushalten würde. Das bedeutet, dass bei solchen extremen Belastungen, zuerst das Seil versagen würde. Zudem werden in der Praxis die diese Kräfte hervorrufenden Schwingungen ausreichend bedämpft [deWeck et al. 1990].

Zu ähnlichen Ergebnissen führten Prüfungen an 120 kN Verbundlangstäben mit Klöppel-Pfanne Armaturen [Yoshida 2006]. Bei diesen Versuchen wurden zusätzlich typengleiche Isolatoren aber mit verstärkten Endarmaturen geprüft, um die Ermüdungseigenschaften des GFK-Stabes selbst zu ermitteln. Dabei liegen die Ermüdungswerte des GFK-Stabes höher als die der Klöppelarmaturen, welche durch die Kerbwirkung der Klöppelhalses früher versagten. Auch bei diesen Versuchen wurde ein Abflachen der Wöhlerkurve des Isolators ab ca. 2 Mio. Lastwechsel beobachtet (Abb. 2-25).

Das bedeutet, dass bei Wechsellasten, wie diese bei winderregten Schwingungen auftreten können, das Ermüdungsverhalten der Metallarmaturen von entscheidender Bedeutung sein kann.

2.4 Auslegung und Montage von Endarmaturen für Verbundlangstäbe

2.4.1 Entwicklung und Stand der Technik der Metallarmaturen

Verbundisolatoren werden mit recht hohen Zugkräften von bis zu 500 kN belastet. Diese Kräfte müssen einerseits auf den Mast andererseits auf das

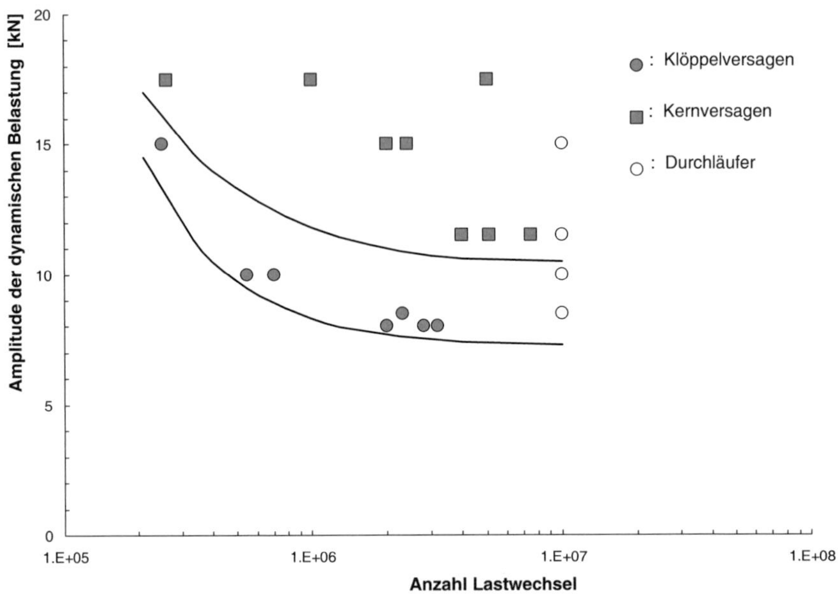

Abb. 2-25 Ermüdungseigenschaften von 120 kN Verbundlangstäben [Yoshida 2006]

Leiterseil übertragen werden. Das geschieht mit der Hilfe von Endarmaturen welche in geeigneter Art und Weise auf den GFK-Stab des Isolators angebracht werden müssen.

Da dieser Art Isolatoren hohe mechanische Lasten zu tragen haben, sind deren Armaturen aus Stahl (i. A. feuerverzinkt) oder Sphäroguss. Aluminium wird gelegentlich dort eingesetzt wo Gewichtseinsparungen von Interesse sind (Bahnanwendungen), allerdings für eher kleinere Belastungen (bis ca. 100 kN) und dort wo mit Korrosion zu rechnen ist. Bronze wird in seltenen Fällen von extrem korrosiver Umgebung eingesetzt. Typische Armaturentypen für Verbundlangstabisolatoren sind von links nach rechts in Abb. 2-26: Pfanne, Lasche, Gabel, Klöppel, Öse und Y-Gabel.

Die internationale Norm IEC 61466: " Genormte Festigkeitsklassen und Endarmaturen" definiert die Detailabmessungen und andere Vorgaben für diese Armaturen.

Für die Montage der Endarmaturen auf den GFK-Stab haben die Isolatorenhersteller über die Jahre verschiedene Montagemethoden entwickelt. Ursprünglich wurden die Armaturen auf den GFK-Stab geklebt, bei den folgenden

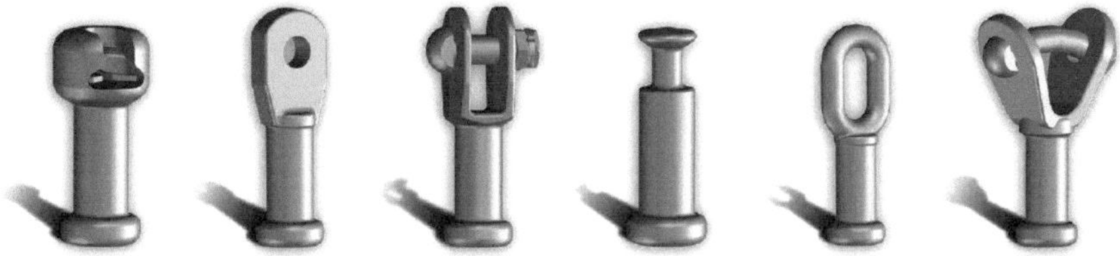

Abb. 2-26 Typische Endarmaturen für Verbundlangstabisolatoren

Generationen von Verbundisolatoren wurden die Armaturen verkeilt und in den letzten Jahren werden die Armaturen fast ausschliesslich verpresst, (s. a. Abb. 2-9), aus diesem Grund wird im Folgenden auf diese Art Armaturen näher eingegangen.

2.4.2 Grundsätzliche Überlegungen zu der Auslegung von Pressarmaturen

Wie schon gesagt, verwenden heute praktisch alle Verbundlangstabisolatoren Pressarmaturen. Diese zeichnen sich aus – ob gegossen oder geschmiedet – durch niedrige Herstellkosten, insb. wenn sie in grösseren Mengen hergestellt werden können. Zudem werden sie auf den GFK appliziert mit handelsüblichen Pressen. Armaturen und Pressverfahren wurden über die Jahre von den Isolatorenherstellern ständig optimiert. Bevor auf die rechnerische Auslegung der Armaturen eingegangen wird, sollen im Folgenden deren Hauptmerkmale erläutert und qualitativ eingegrenzt werden.

In Abb. 2-27 werden der GFK-Stab und die Endarmatur samt aller für den Pressvorgang relevanten Geometriegrössen schematisch dargestellt [Ju et al. 2000]. Da praktisch alle Geometrie- und Materialgrössen die Güte der Verpressung mehr oder weniger beeinflussen, braucht es eine grosse Anzahl von Versuchen um die Zusammenhänge zwischen diesen Grössen und der Güte der Verpressung zu ermitteln. Die wesentlichen Erkenntnisse aus diesen Versuchen werden im Folgenden zusammengefasst:

1) Einfluss der Verpressungslänge L: Es stellt sich heraus, dass die Bruchkraft eines Verbundisolators in etwa proportional mit der Verpressungslänge L der Metallarmatur ansteigt, d.h. je länger die Armatur umso höher die Zugkraft welcher der Isolator aushalten kann. Allerdings sollte die Verpressungslänge (man spricht oft auch von der Crimplänge) eine gewisse Länge nicht übersteigen, da dann die elektrischen Normwerte des Isolators bei einer vorgegebenen Einbaulänge unterschritten werden können und, wie die

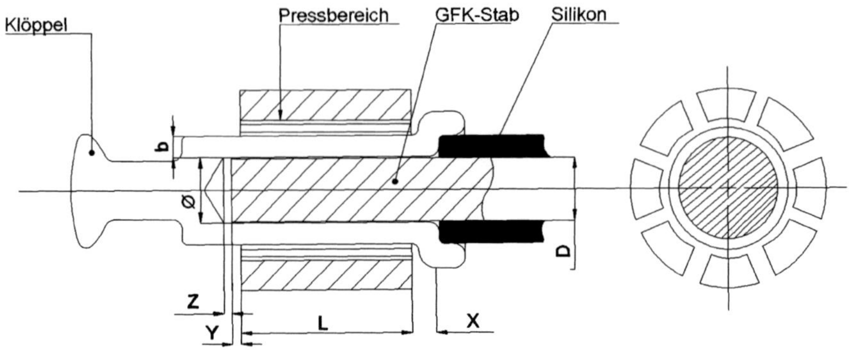

Abb. 2-27 Geometriegrössen der Endarmatur [Ju et al. 2000]

Erfahrung zeigt, extrem lange Verpressungen keinen linearen Kraftzuwachs mehr bringen.

2) Einfluss der Geometrieparameter *x, y* und *z*: Diese Parameter üben einen grossen Einfluss auf die Verpressung aus. So reduziert z.B. eine ausreichend ausgelegte Länge *x* die Spannungskonzentration an der Öffnung der Armatur, was sich wiederum auf die Bruchkraft M_{av} des Isolators sich günstig auswirkt, wie auch aus Abb. 2-28 ersichtlich wird. Daraus erkennt man, dass bei ungenügender Länge x_{cr} die Bruchkraft M_{av} stark reduziert wird. Andererseits gibt es einen gewissen Grenzwert über dem keine signifikante Erhöhung von M_{av} erfolgt.
3) Einfluss der Dicke der Endarmatur *b*: Dieser hängt stark mit den Materialeigenschaften der Endarmatur zusammen. Bei einer hohen Plastizitätsgrenze der Armatur steigt die Verpressungsdauer beim Applizieren der Presskraft mit der Dicke *b*.
4) Einfluss der Rauheit der inneren Armaturenfläche: Es hat sich bei vielen Versuchen gezeigt, dass eine glatte Innenfläche die Bruchkraft des Isolators reduziert, da in diesem Fall der Reibungskoeffizient zwischen Metallarmatur und GFK-Stab, welcher für die Grenzkraft des Isolators eine massgebliche Rolle spielt, auch stark reduziert wird. Ist dagegen die Innenfläche der Armatur sehr rau, so werden deren Asperitäten die Oberfläche des GFK-Stabes verletzen, was wiederum einen negativen Einfluss auf die Grenzkraft des Isolators hat.
5) Einfluss der Toleranz zwischen Metallarmatur und GFK-Stab: Ausreichende Verpressung (und somit auch Grenzkraft des Isolators) kann durch die geeignete Wahl dieser Toleranz beeinflusst werden, wobei die Verpres-

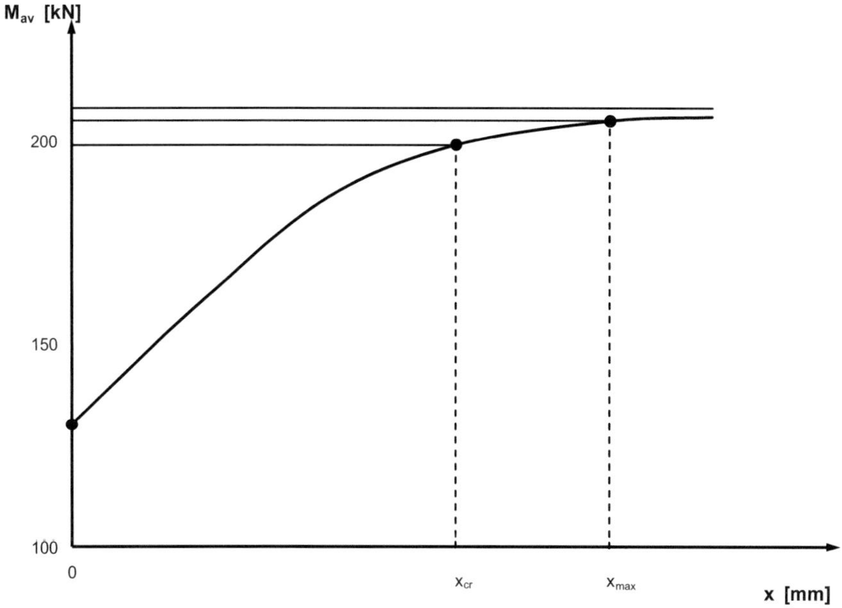

Abb. 2-28 Abhängigkeit von M_{av} über x (schematisch) [Ju et al. 2000]

sungsparameter (z.B. Grösse und zeitlicher Verlauf des Anpressdruckes) entsprechend angepasst werden müssen.

6) Einfluss der Materialeigenschaften der Armatur: Wie oben (Pkt. 3) schon erwähnt, spielt die Spannungs-Dehnungskurve des Armaturenmaterials, und da insb. dessen Plastizitätsgrenze eine ganz entscheidende Rolle beim Pressvorgang.
7) Einfluss der Materialeigenschaften vom GFK-Stab: Der Elastizitätsmodul quer zur Stabachse (Tab. 2-1) spielt eine wichtige Rolle für eine gute Verpressung. Zudem sollte die Festigkeit des GFK-Stabes (Tab. 2-2) beim Pressvorgang berücksichtigt werden, da z.B. eine tiefe Festigkeit quer zur Stabachse die mögliche Verformung der Metallarmatur beim Verpressen einschränkt.

2.4.3 Montagetechnik von Pressarmaturen

Wie eingangs erwähnt, ist heutzutage die Presstechnik die Vorzugsmethode für das Anbringen der Endarmaturen auf den GFK-Stab. Bei dieser Technik, wird der GFK-Stab in der Endarmatur eingeführt, welche dann durch Applizieren eines radial gerichteten Aussendruckes über einen Satz von üblicherweise 8 Pressbacken auf den Stab verpresst wird. Die Pressbacken sind entweder über einzelne Hydraulikzylinder oder aber über einen Zentralzylinder und einem gleitenden System von Umlenkungsnocken angetrieben. Diese Pressbacken besitzen weiterhin Aufnahmen für verschiedene Presswerkzeuge, welche schnell und einfach ausgetauscht werden sollten, damit verschieden grosse Armaturen auf der gleichen Presse verpresst werden können. Die Pressanordnung wird in Abb. 2-29 gezeigt.

Diese Methode führt zu einer vergleichsweise homogenen Spannungs- und Verformungsverteilung in der Armatur und im GFK-Stab, da der angebrachte Radialdruck auf die Armatur durch das Mehrfachwerkzeug über den Armaturenumfang auch als homogen angenommen werden kann. Auch wenn diese Methode relativ enge Masstoleranzen für die Metallarmatur und den GFK-Stab sowie für die Rauheit der Armatureninnenfläche verlangt, können kleine Abweichungen kompensiert werden, da beim Verpressen nicht nur der Anpressdruck sondern auch der Weg als Abbruchkriterium kontrolliert werden. Für lange Armaturen, die hohe Anpressdrücke benötigen, bietet sich an zwei kurze anstatt einer langen Pressstelle anzubringen, da die maximal zulässigen Kräfte pro Pressbacke durch die maschinenbedingten Abmessungen der Presswerkzeuge vorgegeben sind.

Abb. 2-29 Details der Mehrkantpresse für die Armaturenverpressung

2.4.4 Berechnungssystematik

Die Berechnung der mechanischen Spannungen in der GFK-Metall-Verbindung (engl. *metal-composite joint*) eines Verbundisolators ist alles andere als trivial, da dabei das grundsätzlich unterschiedliche Materialverhalten vom Metall und GFK berücksichtigt, sowie die Grenzfläche zwischen Metall und GFK realitätsnah modelliert werden muss.

Wie so oft in der Berechnungspraxis entwickeln sich die Kalkulationsmethoden im Laufe der Zeit und mit zunehmender Erfahrung. Auch zur Lösung der hier vorliegenden Aufgabe wird unterschieden zwischen einfachen und fortgeschrittenen analytischen Berechnungsmethoden, sowie numerischen Simulationsmethoden. Die analytischen Methoden sind intuitiv und mehr oder weniger einfach zu handhaben. Sie basieren auf praktischen Erfahrungen und werden regelmässig mit den Versuchsergebnissen überprüft. Die numerischen Methoden verwenden ausschliesslich die Finite Elemente Methode (FEM). Sie wurden entwickelt um ein besseres Verständnis der Spannungsverteilung und der Versagensmechanismen insb. des GFK-Stabes zu gewinnen. Sie werden auch dann eingesetzt, wenn Isolatoren für spezielle Anwendungen mit Einmaligkeitscharakter, wie z.B. extrem hohe Zugkräfte, untersucht und entwickelt werden sollen.

2.4.5 Einfache analytische Methode

Im Falle der hier behandelten Verbundlangstäbe wird die sog. einfache analytische Methoden primär verwendet um:

a) den erforderlichen GFK-Stabdurchmesser zu ermitteln, damit die benötigte Nennlast (SML) erreicht werden kann und die dazugehörigen Versuche erfolgreich bestanden werden.
b) sicherzustellen, dass die mechanischen Armaturen die Grenzlast aushalten.

Die erste Aufgabe wird gelöst, indem man eine maximal ertragbare Schubspannung des GFK-Stabes in der Grössenordnung $\sigma_{shear}^{\max} = 40$ N/mm² vorgibt. Diese Schubspannung wird als konstant über die Verpressungsfläche, d.h. über die Grenzfläche zwischen GFK-Stab und Metallarmatur, angenommen. Wenn d der Stabdurchmesser und L_{cr} die Verpressungslänge ist, ergibt sich die Nennlast SML zu:

$$SML < \pi \cdot d \cdot L_{cr} \cdot \sigma_{\text{shear}}^{\max} \tag{2.3}$$

Mit der zweiten Aufgabe wird sichergestellt, dass die Metallarmatur die erforderliche Nennlast (SML) aushalten wird. Es existieren zwei kritische Zonen in einer verpressten Endarmatur welche überprüft werden müssen:

a) Die Querschnittsfläche der Armatur (Hohlzylinder), Abb. 2-30.
b) Die Übergangszone vom verpressten Teil zum Anschlussteil der Armatur.

Zu a):
Die Zugspannung in der Querschnittsfläche der Armatur beträgt:

$$\sigma_Z = \frac{SML}{\pi \left(D_{\text{o}}^2 - D_{\text{i}}^2\right)/4} < \sigma_{\text{zul}} \tag{2.4}$$

mit D_o den Aussen- und D_i den Innendurchmesser der Armatur sowie σ_{zul} die max. zulässige Zugspannung des Materials der Armatur.

Zu b):
Die Abmessungen der Übergangszone werden üblicherweise aus der Zeichnung der Endarmatur bestimmt (Abb. 2-30). Die schattierte Fläche wird auf Schub beansprucht und sollte auch die Nennlast SML ertragen, mit τ_{zul} der max. zulässigen Schubspannung der Armatur, d.h.:

$$\tau = \frac{SML}{\pi \cdot D_{\text{i}} \cdot e} < \tau_{\text{zul}} \tag{2.5}$$

Eine Überprüfung der Anschlusselemente der Armatur (Klöppel, Gabel, Lasche, etc.) erübrigt sich, wenn für diese Teile die in der IEC 61466 angegebenen-Normabmessungen verwendet werden.

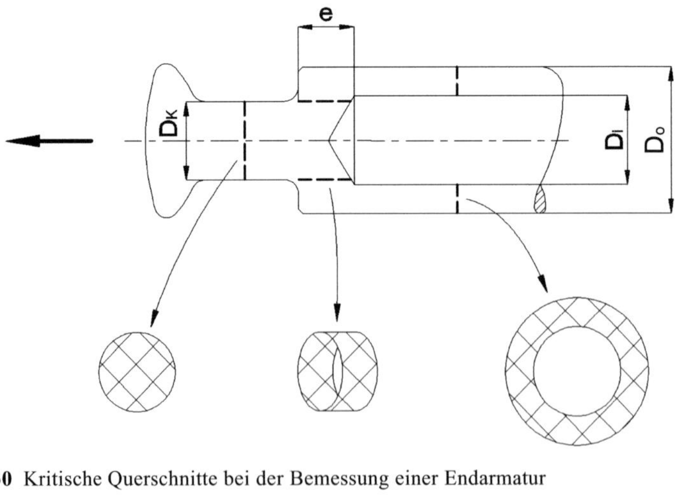

Abb. 2-30 Kritische Querschnitte bei der Bemessung einer Endarmatur

2.4.6 *Fortgeschrittene analytische Methode*

Solche Berechnungsmethoden sind nützlich, da sie einerseits in den üblichen Softwarewerkzeugen, sogar in Tabellenkalkulationsprogrammen, eingebaut werden können und andererseits, da sie über deren analytischen Formalismus ein besseres Erkennen der Zusammenhänge und der Auswirkungen der einzelnen Geometrie- und Materialwerte auf den Spannungszustand des Isolators ermöglichen. Die im Folgenden vorgestellte Methode entstand im Rahmen eines Forschungsprojektes [Prenleloup 2008], welches vom Verfasser, als dem Verantwortlichen des Industriepartners, begleitet wurde.

Im Falle von verpressten Armaturen werden drei Phasen unterschieden, welche untersucht werden müssen:

a) Verpressung: in dieser Phase wird durch die Presse ein Druck auf die Verbindungsstelle GFK-Stab/Metallarmatur appliziert, bis ein vorgegebener Druck auf die Oberfläche der Metallarmatur erreicht wird (Abb. 2-31).
b) Relaxation: in dieser Phase wird der Aussendruck entfernt, die Metallarmatur wird teilweise elastisch entlastet. Die verbleibende plastische Verformung in der Metallarmatur übt weiterhin einen Druck auf den GFK-Stab aus, welcher letztlich dafür sorgt dass die GFK-Stab/Metallarmaturverbindung der äusseren Zugbelastung standhält (Abb. 2-32).
c) Zugbelastung: dies ist die Phase bei welcher eine externe Last auf den Isolator aufgebracht wird und soweit erhöht bis der Stab aus dem Isolator entgleitet (engl. *pull-out*).

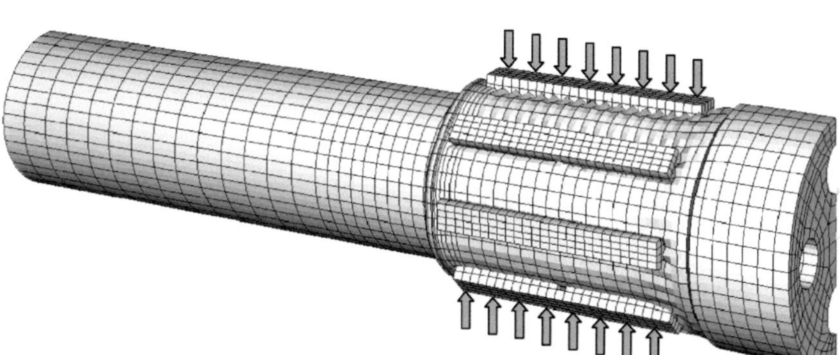

Abb. 2-31 Pressvorgang (schematisch) [Prenleloup 2008]

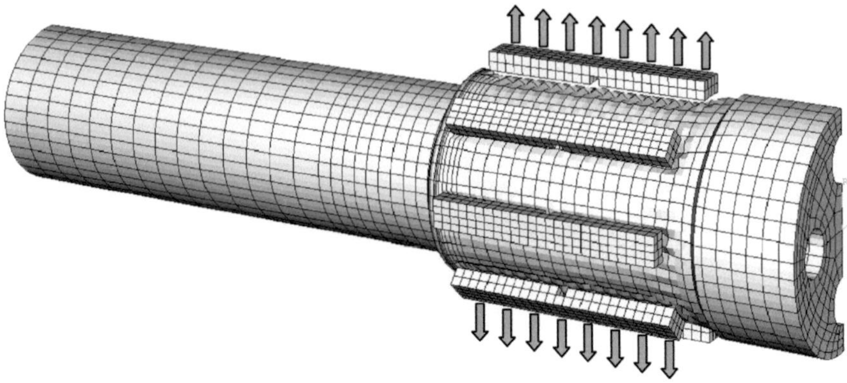

Abb. 2-32 Relaxationsvorgang (schematisch) [Prenleloup 2008]

2.4.6.1 Verpressung

Wie oben erwähnt, wird in der Verpressungsphase ein radial gerichteter Druck auf die GFK/Metall-Verbindung aufgebracht und zwar so, dass die Druckverteilung möglichst gleichförmig über den äusseren Umfang dieser Verbindung verteilt ist.

Der radial gerichtete Aussendruck p auf den GFK-Stab wirkt wie ein hydrostatischer Druck. Er ruft eine Reduktion ΔR vom Radius des GFK-Stabes hervor. Dadurch entstehen einerseits eine radiale σ_{rr} und eine betragsmässig gleich grosse Umfangsspannung $\sigma_{\vartheta\vartheta}$ im GFK-Stab und andererseits, wegen des Poisson-Effekts, eine Verlängerung des Stabes in axialer Richtung, was wiederum eine Schubspannung τ_{rz} an der Grenzfläche Metall/GFK zur Folge hat (Abb. 2-33).

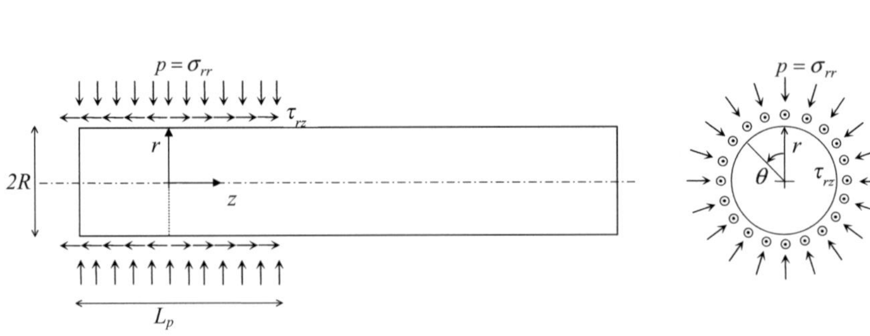

Abb. 2-33 Geometrie und Belastung am GFK-Stab bei der Verpressung [Prenleloup 2008]

Das Hooke'sche Gesetz in Zylinderkoordinaten lautet:

$$\frac{\Delta R(z)}{R} E_T = \sigma_{rr}(z) - \nu_{TT}\sigma_{\vartheta\vartheta}(z) \tag{2.6}$$

was unter Berücksichtigung von $\sigma_{rr}(z) = \sigma_{\vartheta\vartheta}(z)$ wie folgt umgeschrieben werden kann:

$$\sigma_{rr}(z) = \sigma_{\vartheta\vartheta}(z) = \frac{\Delta R(z)}{R}\frac{E_T}{1-\nu_{TT}} \tag{2.7}$$

mit E_T den transversalen E-Modul und ν_{TT} die Poisson-Zahl „quer-quer" vom GFK-Stab (s. Tab. 2-1).

Bei der Verpressung und wegen dem Poisson-Effekt findet in der Metallarmatur neben der radialen auch eine axiale – plastische – Verformung, welche über die Reibkräfte an der Metall-GFK-Grenzfläche eine – elastische – longitudinale Verformung auf den GFK-Stab überträgt. Diese Verformung beginnt – wegen der Symmetrie der Anordnung – in der „Mitte" der Metallarmatur und ruft Schubspannungen τ_{rz} hervor, welche sich in einem Intervall $(-\delta, +\delta)$ linear verhalten, bis sie die durch das GFK-Material vorgegebene Grenzwerte τ_{max} erreichen (Abb. 2-34). In der analytischen Berechnung wird vereinfachend δ=0 angenommen, womit der Verlauf der Schubspannung über der Armaturenlänge als Stufenverlauf erscheint.

Diese Schubspannungsverteilung an der Staboberfläche verursacht eine axial gerichtete Normalspannung im Stab. Diese kann aus dem Kräftegleichgewicht in einem differentiellen Stabelement der Länge dz (Abb. 2-35) wie folgt berechnet werden.

$$\sum F : F_z(z) + \left(\frac{\mathrm{d}F_z}{\mathrm{d}z}\right)\mathrm{d}z - \tau_{rz}(z)\cdot 2\pi R\cdot \mathrm{d}z - F_z(z) = 0 \tag{2.8}$$

woraus folgt:

$$\tau_{rz}(z) = \frac{\mathrm{d}F_z}{\mathrm{d}z}\cdot\frac{1}{2\pi R} \tag{2.9}$$

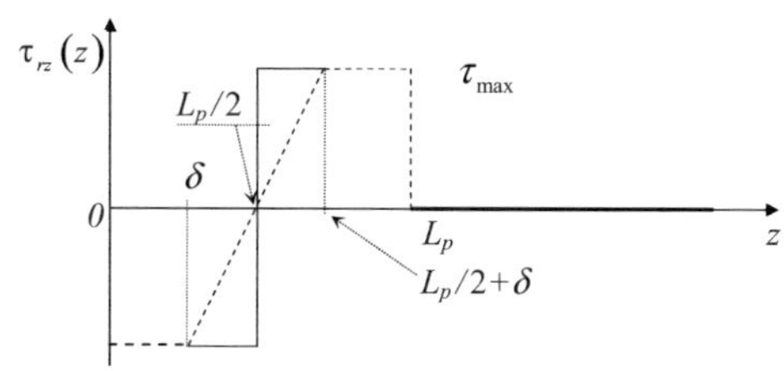

Abb. 2-34 Verlauf der Schubspannung $\tau_{rz}(z)$ an der GFK-Oberfläche im Armaturenbereich bei der Verpressung [Prenleloup 2008]

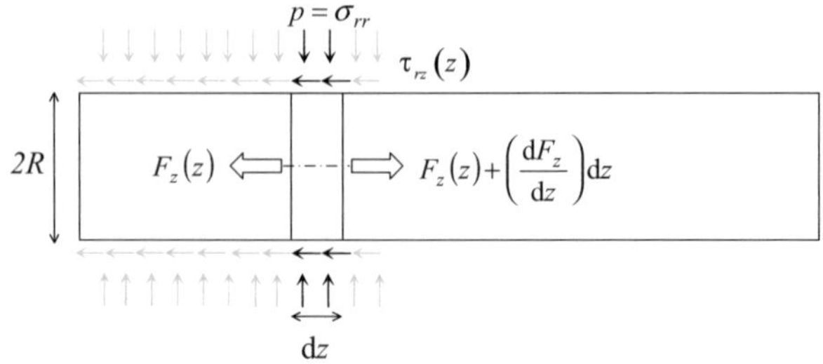

Abb. 2-35 Gleichgewicht am differentiellen Balkenelement bei der Verpressung [Prenleloup 2008]

Die Normalkraft im Stab $F_z(z)$ ergibt sich unter Berücksichtigung der Randbedingungen $F_z(0) = 0$ und $F_z(L_p) = 0$ und des Verlaufes der Schubspannung $\tau_f(z)$ nach Abb. 2.33 zu (2.10):

$$F_z(z) = F_z(z) - F_z(0) = \int_{F_z(0)}^{F_z(z)} \mathrm{d}F_z = 2\pi R \int_0^z \tau_{rz}(z)\cdot \mathrm{d}z = 2\pi R \cdot \int_0^z (-\tau_{\max})\cdot \mathrm{d}z = -2\pi R \cdot \tau_{\max} \cdot z$$

für den Bereich $0 \le z \le L_p/2$, bzw (2.11):

$$F_z(z) = F_z(L_p/2) - F_z(z) = \int_{F_z(z)}^{F_z(L_p/2)} \mathrm{d}F_z = 2\pi R \int_z^{L_p/2} \tau_{rz}(z)\cdot \mathrm{d}z = 2\pi R \cdot \int_z^{L_p/2} \tau_{\max} \cdot \mathrm{d}z = 2\pi R \cdot \tau_{\max} \cdot \left(\frac{L_p}{2} - z\right)$$

für den Bereich $L_p/2 \le z \le L_p$.

Andererseits kann die Normalkraft $F_z(z)$ auch aus dem Integral der Axialspannung σ_{zz} über dem Stabquerschnitt ermittelt werden. Dazu wird für die Verteilung von σ_{zz} über diesem Querschnitt folgender parabolischer Ansatz gewählt, bei welchem die maximale Spannung an der Stelle $r=R$, d.h. an der Randfaser des Stabes auftritt (Abb. 2-36):

Abb. 2-36 Ansatz für die Verteilung der Axialspannung $\sigma_{zz}(r,z)$ über dem Stabquerschnitt bei der Verpressung und bei der Zugbelastung [Prenleloup 2008]

$$\sigma_{zz}(r,z)=\frac{\sigma_{zz}(R,z)}{R^2}r^2 \tag{2.12}$$

Es sei am Rande bemerkt, dass dieser „intuitiv“ getroffene Ansatz auf Erkenntnisse aus der numerischen Simulation (s. Abschn. 2.4.7) basiert und, wie gleich gezeigt wird, ganz „vernünftige“ Ergebnisse liefert.

Aus der Integration von $\sigma_{zz}(r,z)$ über den Querschnitt folgt:

$$F_z(z)=\int_0^{2\pi}\int_0^R r\cdot\sigma_{zz}(r,z)\cdot dr\cdot d\vartheta=\frac{\pi}{2}\cdot R^2\cdot\sigma_{zz}(R,z) \tag{2.13}$$

Wird dieses Ergebnis mit dem vorher gewonnenen Ausdruck für $F_z(z)$,

$$F_z(z)=-2\pi R\cdot\tau_{\max}\cdot z \quad \text{bzw.} \quad F_z(z)=2\pi R\cdot\tau_{\max}\cdot\left(\frac{L_p}{2}-z\right)$$

gleichgesetzt, so bekommt man schliesslich für $\sigma_{zz}(R,z)$:

$$\sigma_{zz}(R,z)=-\frac{4\cdot z}{R}\tau_{\max} \quad (2.14) \quad \text{bzw.} \quad \sigma_{zz}(R,z)=\frac{4\cdot\left(\frac{L_p}{2}-z\right)}{R}\tau_{\max} \tag{2.15}$$

Dazu müssen die Anteile der Normalspannung dazugerechnet werden, welche aus dem Poisson-Effekt „longitudinal-transversal“, d.h. aus den früher ermittelten Radial- und Umfangsspannungen im Stab herrühren:

$$\sigma_{zz}(z)=-\frac{4\cdot z}{R}\tau_{\max}+\nu_{LT}\left[\sigma_{rr}(z)+\sigma_{\vartheta\vartheta}(z)\right] \tag{2.16}$$

bzw.:

$$\sigma_{zz}(z)=\frac{4\cdot\left(\frac{L_p}{2}-z\right)}{R}\tau_{\max}+\nu_{LT}\left[\sigma_{rr}(z)+\sigma_{\vartheta\vartheta}(z)\right] \tag{2.17}$$

Und da wie oben schon dargelegt (2.7):

$$\sigma_{rr}(z)=\sigma_{\vartheta\vartheta}(z)$$

folgt:

$$\sigma_{zz}(z)=-\frac{4\cdot z}{R}\tau_{\max}+2\nu_{LT}\,\sigma_{rr}(z) \quad \text{für} \quad 0\le z\le L_p/2 \tag{2.18}$$

$$\sigma_{zz}(z)=\frac{4\cdot\left(\frac{L_p}{2}-z\right)}{R}\tau_{\max}+2\nu_{LT}\,\sigma_{rr}(z) \quad \text{für} \quad L_p/2\le z\le L_p \tag{2.19}$$

mit ν_{LT} der Poisson-Zahl „longitudinal-transversal“ GFK-Stab (s. Tab. 2-1).

Die nachfolgende Abb. 2-37 zeigt die Verläufe von $\sigma_{rr}(z,R)$, $\sigma_{\vartheta\vartheta}(z,R)$, $\sigma_{zz}(z,R)$ und $\tau_{rz}(z,R)$, d.h. der diversen Spannungen an der Randfaser vom GFK-Stab über der Verpressungslänge der Armatur L_p für einen typischen 18.57 mm Stab. In der gleichen Abbildung sind die Ergebnisse der numerischen Simulation (s. Abschn. 2.4.7) für die gleichen Grössen eingetragen [Prenleloup 2008]. Man erkennt daraus die sehr gute Übereinstimmung zwischen Analytik und Numerik.

2.4.6.2 Relaxation

Nach Erreichen des maximalen Pressdruckes wird, wie oben beschrieben, dieser auf null gesetzt. Dabei wird die Metallarmatur teilweise elastisch entlastet. Die bleibende – plastische – radiale Verformung übt dauerhaft auf den Umfang vom GFK-Stab einen radial gerichteten Druck aus, der allerdings kleiner als der bei der Verpressung erzeugte Druck ist. Die Berechnung der Spannungen im GFK-Stab erfolgt genau mit dem gleichen Formalismus wie oben, wobei alle Spannungen um ca. 30% kleiner ausfallen.

2.4.6.3 Zugbelastung/Pull-out

In dieser Phase wird der Isolator auf Zug bis zum Versagen belastet. Das Ver-

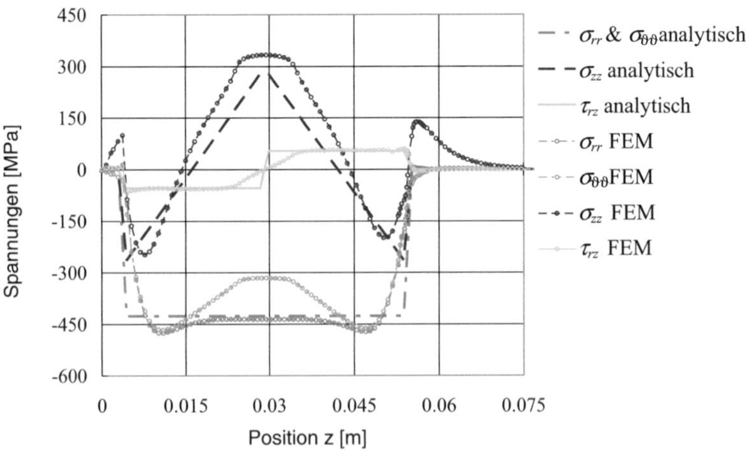

Abb. 2-37 Spannungen σ_{zz}, σ_{rr}, $\sigma_{\vartheta\vartheta}$ und τ_{rz} an der Randfaser während der Verpressung [Prenleloup 2008]

sagen findet idealerweise so statt, dass der GFK-Stab aus der Metallarmatur herausgeleitet (engl. *pull-out*). Bevor auf die Spannungsberechnung eingegangen wird, erfolgt eine Betrachtung der maximalen Zugkraft, die aufgenommen werden kann.

Diese maximal ertragbare Zugkraft hängt von der Grösse des Restanpressdruckes nach der Relaxation und dem Reibungskoeffizient zwischen Metall und GFK. Letzterer wurde durch spezielle Versuche zu $\mu \cong 0.35$ ermittelt [Prenleloup 2008]. Sie beträgt:

$$F_{\mathrm{R}} = \mu \cdot F_{\mathrm{N}} = \mu \cdot \sigma_{rr} \cdot S \qquad (2.20)$$

wobei S die von der Metallarmatur umhüllte Oberfläche des GFK Stabes (R: Stabdurchmesser, L_p: Länge der Verpressung) ist:

$$S = 2\pi \cdot R \cdot L_{\mathrm{p}} \qquad (2.21)$$

Diese Kraft wird limitiert durch die maximal ertragbare Schubspannung τ_{max} des GFK-Stabes auf:

$$F_{\max} = \tau_{\max} \cdot S \qquad (2.22)$$

Mit R=9.285 mm, L_p=50 mm und τ_{max} = 51 N/mm^2 ergibt sich in diesem Fall eine maximale Zugkraft F_{max} von 158 kN.

Die Spannungsberechnung erfolgt genau nach dem gleichen Muster wie für die Verpressung- bzw. die Relaxationsphase. Allerdings muss dabei zur Ermittlung der Axialspannung $\sigma_{zz}(z)$ im Stab, der Schubspannungsverlauf $\tau_{rz}(z)$ berücksichtigt werden, wie dieser sich bei der Zugbelastung ergibt (Abb. 2-38).

Die Spannungsverläufe für die Belastung durch die maximale Zugkraft sind in Abb. 2-39 aufgetragen zusammen mit den Ergebnissen aus der numerischen Simulation. Auch in diesem Fall erkennt man eine relativ gute Übereinstimmung zwischen Analytik und Numerik.

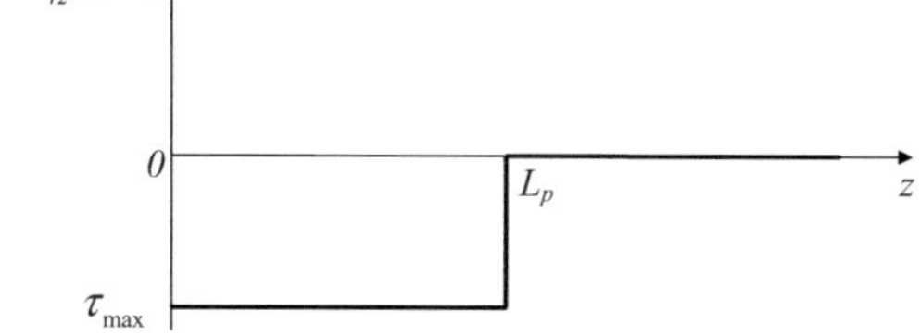

Abb. 2-38 Verlauf der Schubspannung $\tau_{rz}(R, z)$ an der GFK-Oberfläche im Armaturenbereich bei der maximal erreichbaren Zugbelastung (*pull-out*) [Prenleloup 2008]

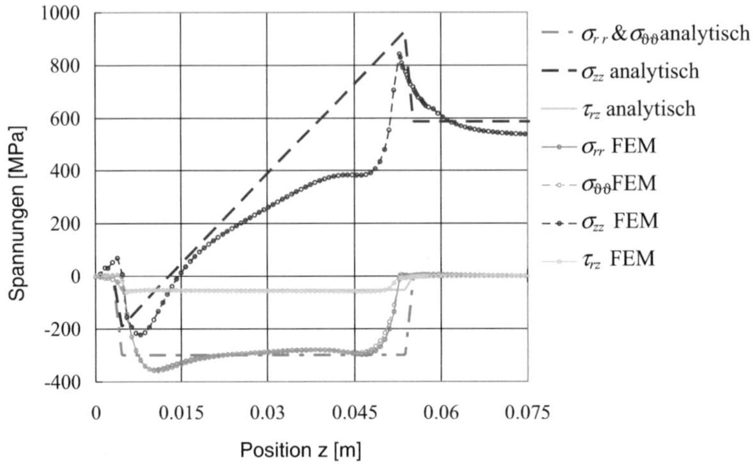

Abb. 2-39 Spannungen σ_{zz}, σ_{rr}, $\sigma_{\vartheta\vartheta}$ und τ_{rz} an der Randfaser bei der maximalen Zugbelastung [Prenleloup 2008]

Zusammenfassend lässt sich Folgendes feststellen:

α) Für einen Verbundlangstabisolator, welcher auf reinen Zug belastet wird, ist es durch ein einfaches analytisches Modell möglich, sowohl die maximal ertragbare Zugkraft als auch die Spannungsverläufe im GFK-Stab (welcher mechanisch die kritische Komponente des Isolators ist) zu ermitteln und zwar für alle drei Phasen der Verpressung, der Relaxation und der Zugbelastung.

β) Die ungünstigste Spannungsverteilung und somit das grösste Schädigungspotential des GFK-Stabes findet bei de Verpressung statt, weswegen diesem Vorgang besondere Beachtung zu schenken ist.

2.4.7 Numerische Simulation

Numerische Simulationsmethoden mit der Finiten Elemente Methode (FEM) sind heutzutage der Stand der Technik, wenn es z.B. um nicht isotrope Materialen, plastische Verformungen, Kontaktprobleme und Nichtlinearitäten, wie es hier der Fall ist, geht. Im Folgenden werden die Grundlagen und die Vorgehensweise bei der Anwendung der FEM bei Verbundlangstabisolatoren unter Zugbelastung, wie in [Prenlelpoup et al. 2006] beschrieben, vorgestellt.

2.4.7.1 Finite Elemente Modell

Für die numerische Simulation wurde ein 3D Balkenmodell der gesamten Metall-GFK-Verbindung erstellt und zwar mit einer kommerziellen Software.

Mit diesem Modell wurden nicht-lineare Simulationen für die oben schon beschriebenen drei Phasen durchgeführt und zwar für: a) die Verpressung der Metallarmatur auf dem GFK-Stab, b) die Relaxation des Pressdruckes und c) die Zugbelastung der Verbindung.

Für einen für Verbundlangstäbe typischen 18.7 mm Stab, bestand das FE-Modell aus einem dichten Netz von hexaedral quadratischen 20-Knoten Balkenelementen. Wegen der Rotationssymmetrie der Anordnung, wurde nur ein Sechzehntel der Struktur modelliert. Das resultierende 3D FE-Netz bestand aus 180 Elementen für die Stahlpressbacke, 2800 Elemente für die Metallarmatur und 1407 Elemente für den GFK-Stab (Abb. 2-40).

Sowohl für den Kontakt zwischen dem Pressbacken und der Metallarmatur als auch zwischen der Metallarmatur und dem GFK-Stab wurde Coulomb'sche Reibung angenommen mit einem durch geeignete Experimente ermittelten Reibungskoeffizient in beiden Fällen von 0.35; dieser Wert stimmt gut mit Werten aus der Literatur für ähnlich gelagerte Kontaktfälle überein. Zudem wurde eine maximal ertragbare Schubspannung vom GFK-Stab an der Grenzfläche Metall/GFK von 50 MPa angesetzt, wie diese sich aus den entsprechenden Versuchen am GFK-Material ergeben hat.

2.4.7.2 Rechenergebnisse der Simulation

Die nicht-lineare numerische Simulation der Verpressung wurde mit dem oben beschriebenen 3D Modell für den kompletten Isolator und unter Verwendung des experimentell ermittelten, elasto-plastischen Materialgesetzes für die Metallarmatur durchgeführt; dem GFK-Stab wurde dabei linear-elastisches Materialverhalten zugrunde gelegt. Die Spannungsverteilung im GFK-Stab und zwar an der Grenzfläche zwischen GFK und Metall wird in Abb. 2-41 dargestellt, woraus man gut erkennen kann, dass der Verlauf der Radialspannung σ_{rr} und

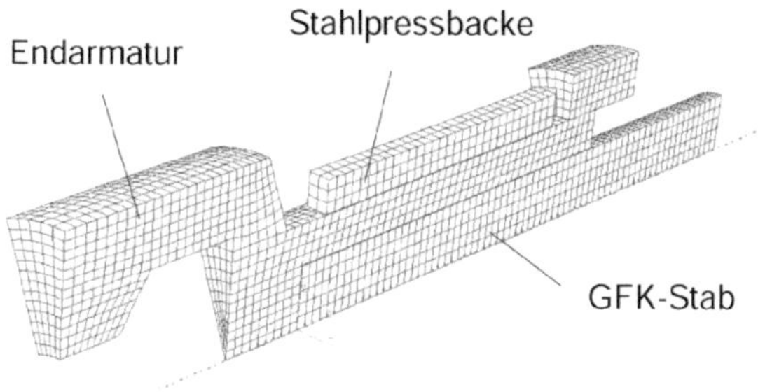

Abb. 2-40 FEM-Modell eines Isolatorensegments im Armaturenbereich [Prenlelpoup et al. 2006]

der Umfangsspannung $\sigma_{\vartheta\vartheta}$ nicht konstant ist; beide Verläufe weisen bei ca. 470 MPa einen Doppelhöcker auf, bei Durchschnittswerten über der gesamten Grenzfläche zwischen 350 und 400 MPa. Dieser Doppelhöcker kann theoretisch gut erklärt werden: er entsteht bei der Belastungs eines Zylinders durch ein Druckband [Timoshenko & Goodier 1970]. Die Längsspannung verläuft in etwa parabolisch mit einem Maximum von 320 MPa ziemlich genau in der Mitte des Verpressungsbereiches. Die Schubspannungen sind im Vergleich zu den obigen Normalspannungen vernachlässigbar mit Ausnahme der radial-axialen Schubspannung τ_{rz}, welche, wegen dem Poisson-Effekt, einen quasi sinusförmigen Verlauf aufweist mit einer Amplitude von ±50 MPa.

In der zweiten Phase (Relaxation) wird der äussere Druck abgebaut. Die Spannungsverteilungen zeigen ähnliche Verläufe wie in der Verpressungsphase, allerdings mit generell kleineren Amplituden.

In der letzten Phase der numerischen Simulation wird eine Zugkraft auf den GFK-Stab angebracht (beim gleichzeitigen Festhalten der Endfläche der Metallarmatur) und soweit erhöht bis der GFK-Stab, nach Überwindung des Reibschlusses, auf die Metallarmatur zu gleiten beginnt. Die dazugehörige Spannungsverteilung an der Grenzfläche wird in Abb. 2-42 gezeigt. Während die Radialspannung σ_{rr} und die Umfangsspannung $\sigma_{\vartheta\vartheta}$ ähnlich wie in der Verpressungsphase (Abb. 2-41) verteilt sind, weisen sie jetzt um ca. 25% tiefere Maximalwerte auf. Die Längsspannung σ_{zz} steigt bis auf einem Wert von 690 MPa um nachher auf 450 MPa zu fallen, was der Normalspannung im „freien“ Teil vom GFK-Stab entspricht. Schliesslich ist festzustellen, dass

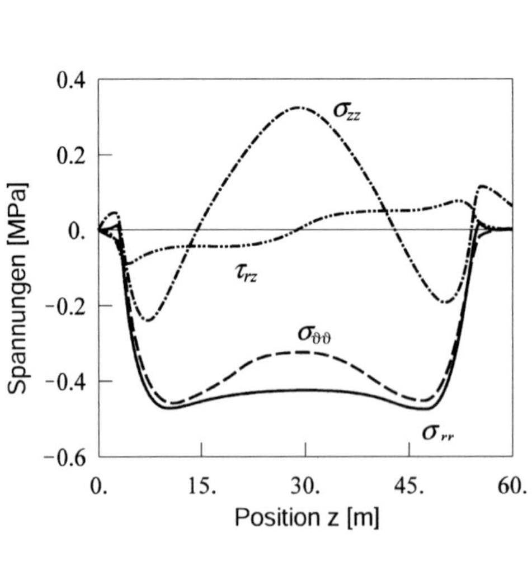

Abb. 2-41 Spannungen σ_{zz}, σ_{rr}, $\sigma_{\vartheta\vartheta}$ und τ_{rz} an der Randfaser während der Verpressung, numerische Simulation [Prenlelpoup et al. 2006]

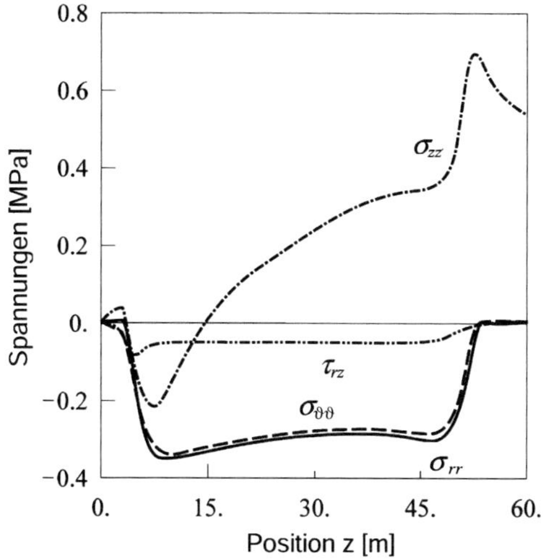

Abb. 2-42 Spannungen σ_{zz}, σ_{rr},$\sigma_{\vartheta\vartheta}$ und τ_{rz} an der Randfaser bei der maximalen Zugbelastung, numerische Simulation [Prenlelpoup et al. 2006]

die Schubspannung τ_{rz} praktisch konstant ist, ausser am Grenzbereich der Berührungsfläche Armatur/Stab wo Endeffekte sichtbar sind und sie dadurch Werte von bis zu 50 MPa erreicht, welche der Schubfestigkeit des Stabes entsprechen.

2.4.7.3 Ergebnisse der numerischen Versagenssimulation

Es wurde aus dem oben gesagten mehrfach ersichtlich, dass der kritische innere Spannungszustand, welcher zu einem Aufspalten des GFK-Stabes führen kann, während der Verpressung auftritt. Um dies auch quantitativ zu bestätigen wird die in [Prenleloup 2008] entwickelte Bruchhypothese auf den GFK-Stab angewendet. Dabei werden die durch geeignete Versuche ermittelten Materialgrenzwerte verwendet, für Zug (1038 MPa) und Druck (-794 MPa) in Faserrichtung des Stabes bzw. für Zug (32 MPa) und Druck (-140 MPa) quer zur Faserrichtung (Tab. 2-2). Die Grenzspannung bei biaxialer Druckbelastung wurde aus entsprechenden Versuchen auf -500 MPa abgeschätzt. Dieser Wert ist geringfügig höher als der numerisch ermittelte Wert von -470 MPa für die Radialspannung, welcher demnach relativ nahe an der Grenzspannung liegt, bei welcher die ersten Risse im GFK-Stab auftreten werden.

Der Spannungszustand im GFK-Stab wird mit Hilfe von einem Schadensindex (engl. *danger factor*) κ erfasst, dessen Umkehrwert $1/\kappa$, den maximal möglichen Wert darstellt, mit welchem die Belastung des Isolators, sei es der Pressdruck bei der Verpressung, sei es die Zugkraft bei Ausziehen (*pull-out*), multipliziert werden kann bis zum Versagen des GFK-Stabes. Dieser Schadensindex ist in Abb. 2-43 dargestellt. Es fällt dabei auf, dass während der Verpressung, Abb. 2-43 (oben), ein Schadensindex von 1.12 in der Nähe der Grenzfläche Metallarmatur/GFK-Stab auftritt. Allerdings ist diese Überschreitung (Schadensindex grösser eins) sehr stark lokalisiert, womit eine Ausbreitung

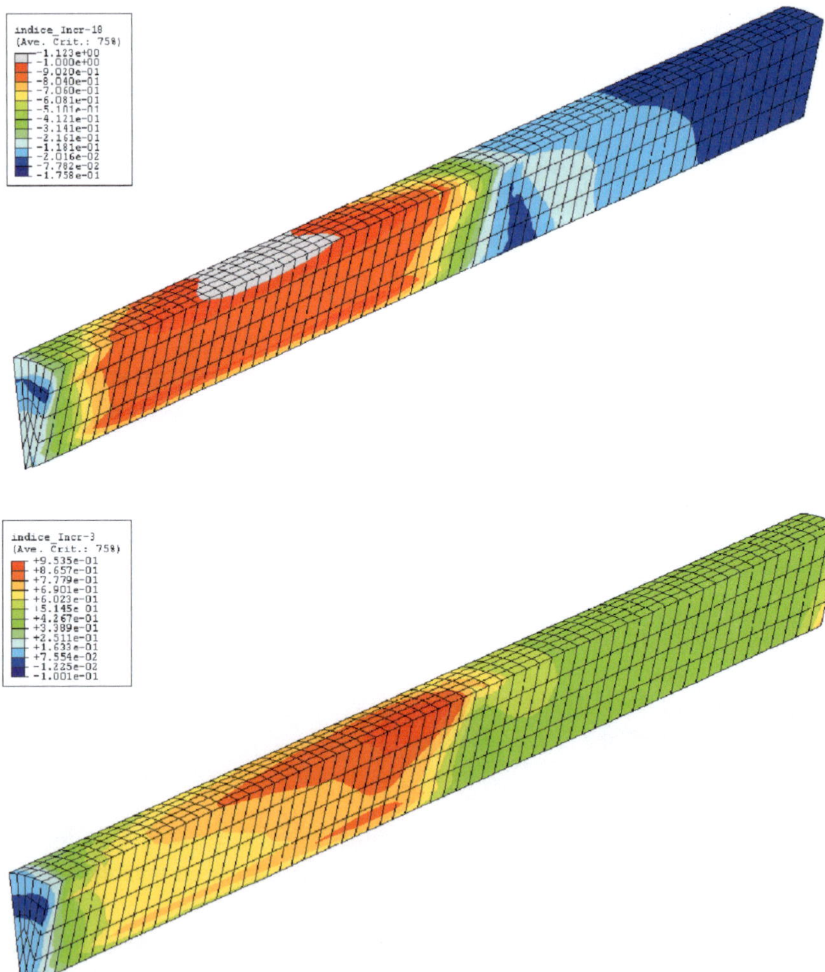

Abb. 2-43 Verteilung vom Schadensindex κ bei der Verpressung (oben) und bei der maximalen Zugkraft (unten) [Prenlelpoup et al. 2006]

eines latenten Risses unwahrscheinlich wird. Der Verlauf vom Schadensindex während der Zugbelastung und insb. beim Beginn des Gleitens des Stabes aus der Metallarmatur (dies findet bei der maximal ertragbaren Zugkraft statt), wird in Abb. 2-43 (unten) gezeigt; er weist dabei tiefere Werte als bei der Verpressung auf. In diesem Fall erreicht der Schadensindex in den äusseren Glasfasern des GFK-Stabes relativ hohe Werte von 0.95 und steht somit immer noch unterhalb vom Grenzwert 1 für das Einsetzen vom Materialversagen, was auch die Tatsache erklärt, dass beim Zugversuch der GFK-Stab „sauber", aus der Armatur herausgleitet, ohne dass er dabei eine Delamination erfährt (s. a. Abb. 2-47a).

2.4.7.4 Versuchsergebnisse

Die oben beschriebenen Rechenmodelle wurden in einer Reihe von Versuchen validiert. Zu diesem Zweck dienten zwei relativ gut messbare Grössen, einerseits einige der Messung zugänglichen Spannungen (über die Dehnungen) sowie andererseits die maximale Ausziehkraft welche beim Zugversuch ermittelt wurde. Der Prüfrahmen (Abb. 2-44) bestand aus zwei Servohydraulikzylindern mit

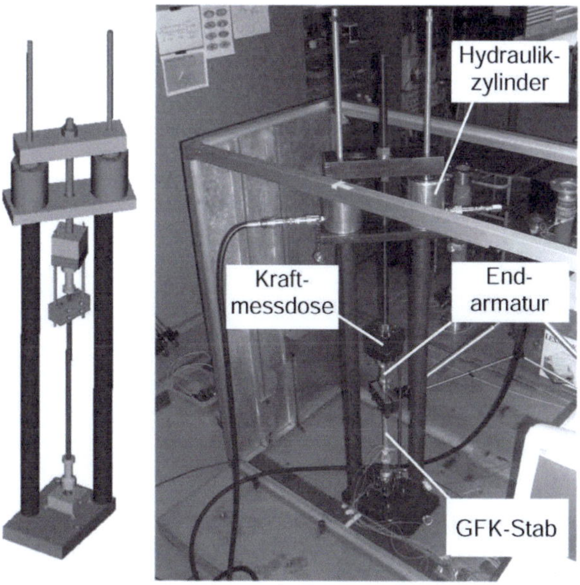

Abb. 2-44 Prüfanordnung für die Zugversuche [Prenlelpoup et al. 2006]

insg. 200 kN, einen induktiven Weggeber (LVDT), eine Kraftmessdose sowie mehrere Dehnungsmessstreifen (DMS) welche an verschiedenen Stellen des GFK-Stabes sowie an der Oberfläche der Metallarmatur appliziert wurden.

Die Anordnung der DMS ist aus Abb. 2-45 ersichtlich: DMS#1 wurde auf dem GFK-Stab aufgebracht und zwar 88 mm vom Stabende entfernt, was 23 mm von der Verpressungsgrenze, d.h. 23 mm vom letzten Berührungspunkt der Metallarmatur auf dem GFK-Stab entspricht. DMS #2, #3 und #4 befanden sich auf der Oberfläche der Metallarmatur und zwar jeweils 12, 28 und 44 mm von der Verpressungsgrenze. Die entsprechenden Versuchsergebnisse sind in Abb. 2-46 zusammen mit den Last-Dehnungskurven aus der FEM-Berechnung aufgetragen, woraus eine sehr gute Übereinstimmung ersichtlich wird, wenn auch bei der FEM-Berechnung die max. mögliche Zugkraft (d.h. die Zugkraft beim Herausgleiten) um 11%, unterschätzt wird, d.h. es wird dafür ein Wert von 132 kN errechnet verglichen mit einem Wert von 148 kN beim Zugversuch. Dieser Unterschied ist erklärbar, wenn man bedenkt, dass einerseits die Schubfestigkeit vom GFK-Stab wahrscheinlich zu tief angesetzt worden ist und andererseits die Berechnung von einem ebenen Schubspannungszustand ausgeht; in der Realität wird nur eine dünne Oberflächenschicht des GFK-Stabes herausgeschält. Es fällt weiterhin auf, dass die experimentellen Last-Dehnungskurven auf der Metallarmatur (Abb. 2-46) ein nichtlineares Verhalten zeigen, das umso stärker ausgeprägt ist je näher sich die Messpunkte an der Verpressungsgrenze befinden, was deutlich auf einen progressiven Übergang der äusseren Zugkraft vom GFK-Stab auf die Metallarmatur hinweist.

Die grosse Wichtigkeit des Verpressungsvorgangs wurde eindrücklich dokumentiert, indem in einer weiteren numerischen Simulation der Anpressdruck um ca. 25% erhöht wurde. Dabei erreichte der Schadensindex Werte um 1.27, was unweigerlich irreversible Materialschäden im Stab zur Folge hat; dadurch fällt die maximal ertragbare Zugkraft dramatisch auf 56 kN ab. Das dazuge-

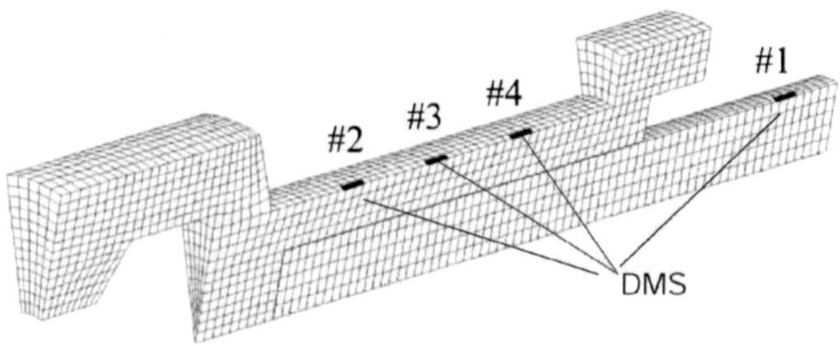

Abb. 2-45 Anordnung der DMS auf der Armatur und dem GFK-Stab [Prenlelpoup et al. 2006]

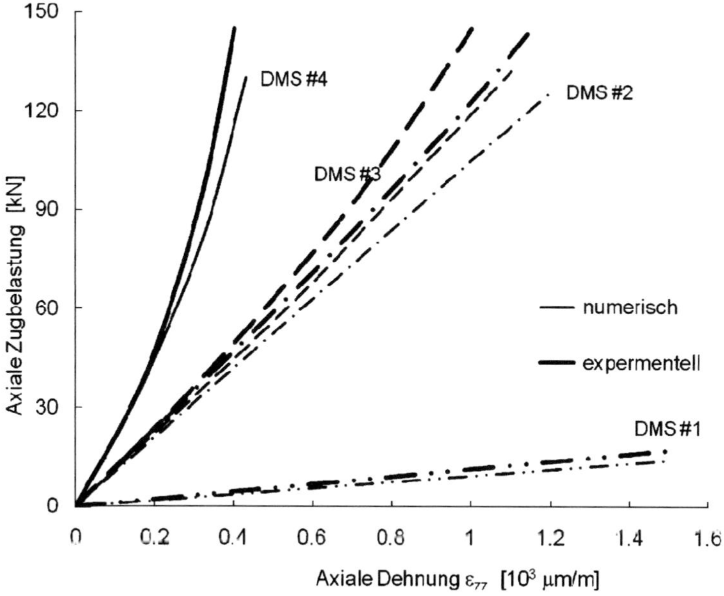

Abb. 2-46 Vergleich Messung/numerische Simulation [Prenlelpoup et al. 2006]

hörige Schadensbild ist in Abb. 2-47b gezeigt; es handelt sich dabei um einen sauberen Trennbruch des GFK-Stabes. Wird dagegen der Crimpdruck etwas weniger, d.h. um ca. 15% erhöht, wird eine Delamination des GFK-Materials beobachtet, Abb. 2-47c. Bei korrekter Verpressung sollte immer der Stab aus der Metallarmatur „sauber" herausgleiten, Abb. 2-47a.

2.4.7.5 Sensitivitätsanalyse

Eine Sensitivitätsanalyse der Hauptgrössen für eine verpresste Armatur ermöglicht die Validierung der ursprünglich gewählten Werte, zeigt aber auch Möglichkeiten auf, die Tragfähigkeit dieser Armatur (in Bezug auf den Isolator) zu optimieren. In [Prenleloup et al. 2006] wurde die Auswirkung folgender Grössen untersucht: Reibungskoeffizient zwischen GFK-Stab und Armatur, Passspiel zwischen GFK-Stab und Armatur, Länge der Presszone, Wandstärke der Armatur sowie die Durchmesserreduktion des GFK-Stabes während der Verpressung. Die Schwankungsbreite dieser Parameter ist in Tab. 2-4 aufgelistet.

Die Schwankungsbreiten wurden dann in je fünf Intervallen aufgeteilt und

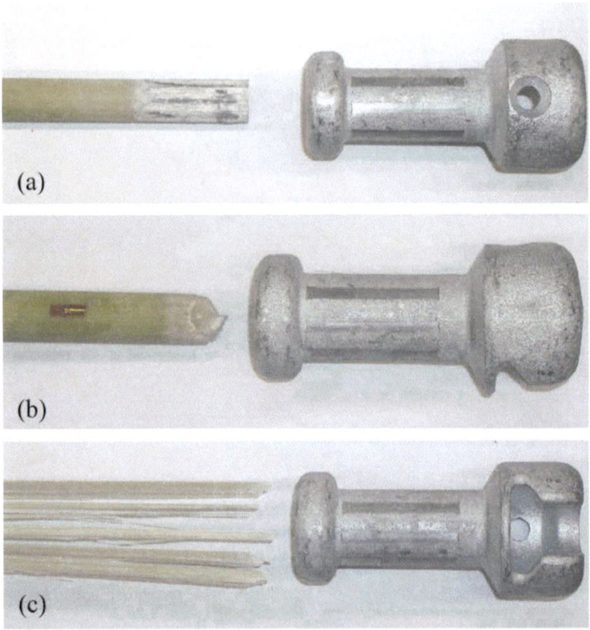

Abb. 2-47 a) „Pull-out“ (erwünscht); b) Trennbruch; c) Delamination [Prenlelpoup et al. 2006]

mit den dazugehörigen Werten wurden die entsprechenden Berechnungen mit dem 3D FEM-Modell durchgeführt. Die Ergebnisse sind in Abb. 2-48 zusammengefasst mit der von Mises-Vergleichsspannung als Referenz für die Beanspruchung des GFK-Stabes. Es stellt sich heraus, dass die Parameter auf welche diese Struktur am empfindlichsten reagiert, die Toleranz zwischen Stab und Armatur, die Verpressungslänge sowie die Durchmesserreduktion des GFK-Stabes während der Verpressung sind. Wird z.B. das Passspiel um 60% vergrössert, so reduziert sich die Vergleichsspannung um 16% bzw. 12%

Tab. 2-4 Schwankungsbreite der Parameter für die Sensitivitätsanalyse

Parameter	Reibungskoeffizient (%)	Passspiel (%)	Presslänge (%)	Wanddicke (%)	ϕ-Reduktion (%)
Tiefstwert	–20	–60	–15	–15	–25
Höchstwert	+60	+60	+15	+15	+25

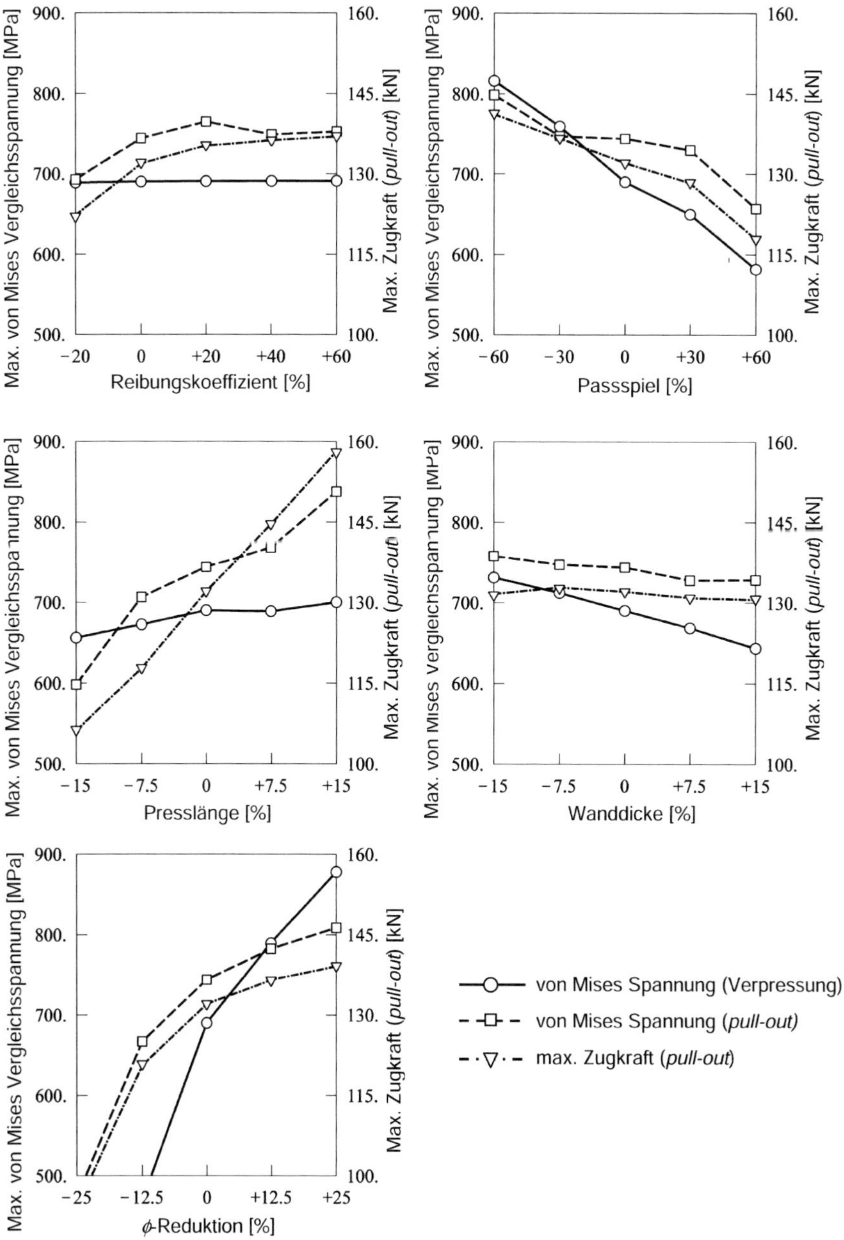

Abb. 2-48 Ergebnisse der Sensitivitätsanalyse [Prenlelpoup et al. 2006]

(Verpressung bzw. max. Zugbelastung), aber gleichzeitig wird die maximale Auszugskraft von 132 kN auf 118 kN um 11% reduziert. Wird andererseits die Presszone um 15% verlängert, erhöht sich die Auszugkraft um 20% von 132 auf 158 kN, allerdings auf Kosten einer um 13% höheren Vergleichsspannung beim Ausziehen des Stabes. Dabei wird der Stab innerlich so stark beschädigt, das es zu einem Gewaltbruch beim Ausziehen kommen wird, Abb. 2-47b. Erwartungsgemäss hat die drastische Reduktion des Stabdurchmessers bei der Verpressung um 25%, ein massives Ansteigen der von Mises-Spannung um 28%, aber nur eine marginale Erhöhung der maximalen Zugkraft um 5% von 132 auf 139 kN zur Folge. Eine Reduktion des Stabdurchmessers durch die Verpressung um 25% (verglichen mit der Ausgangssituation von 100%) hat einen dramatischen Abfall der Bruchkraft des Isolators um ganze 28%, d.h. von 132 auf 95 kN. Dagegen hat weder der Reibungskoeffizient zwischen GFK-Stab und Metallarmatur noch die Wanddicke der Armatur einen wesentlichen Einfluss auf die Spannungsbeanspruchung des Stabes und auf die Buchfestigkeit des Isolators, auch wenn ein bescheidener Abfall der von Mises-Spannung (beim Crimpen) bei einer Erhöhung der Wanddicke der Armatur festzustellen ist.

2.5 Formelzeichen und Abkürzungen

3D	Dreidimensional
CIGRE	Conseil International des Grands Réseaux Électriques
DLL	Damage Limit Load (Grenzkraft)
DMS	Dehnungsmessstreifen
FE-Netz	Finite Elemente Netz
FEM	Finite Elemente Methode
FE-Modell	Finite Elemente Modell
GFK	Glasfaserverstärkter Kunststoff
IEC	International Electrotechnical Commission
IEEE	Institute of Electrical and Electronics Engineers
IREQ	Institut de recherche d'Hydro-Québec
LVDT	Induktiver Weggeber (Linear variable differential transformer)
RML	Routine Mechanical Load (Stückprüfkraft)
SML	Specified Mechanical Load (Nennkraft)
UHV	Ultrahochspannung (Ultra High Voltage)

δ	Halbe Länge des linearen Bereiches für die Schubspannung
ΔR	Reduktion vom Radius des GFK-Stabes bei der Verpressung
ϑ	Koordinate in Umfangsrichtung des GFK-Stabes
κ	Schadensindex
μ	Reibungskoeffizient zwischen Metall und GFK
ν_{LT}	Poisson-Zahl „längs-quer" des GFK-Stabes
ν_{TT}	Poisson-Zahl „quer-quer" des GFK-Stabes
$\sigma_{\vartheta\vartheta}$	Umfangsspannung im GFK-Stab
σ_{M}	Standardabweichung
σ_{shear}^{max}	Max. ertragbare Schubspannung des GFK-Stabes
σ_{rr}	Radialspannung im GFK-Stab
σ_{z}	Zugspannung in der Querschnittsfläche der Armatur
σ_{zul}	Max, zulässige Zugspannung der Armatur
σ_{zz}	Normalspannung im GFK-Stab
τ	Kritische Schubspannung in der Armatur
τ_{rz}	Schubspannung im GFK-Stab
τ_{max}	Max. ertragbare Schubspannung im GFK Stab
$\tau_{rz\,(z,R)}$	Schubspannung an der Oberfläche ($r = R$) des GFK-Stabes
τ_{zul}	Max. zulässige Schubspannung der Armatur
b	Dicke der Armatur
d	Durchmesser des GFK-Stabes
dz	Länge vom differentiellen Stabelement
D_{o}	Aussendurchmesser der Armatur
D_{i}	Innendurchmesser der Armatur
D_{k}	Durchmesser des Armaturenhalses (Klöppeldurchmesser)
DS	Dehnsteifigkeit der Faser
e	Länge des kritischen Stelle zur Schubbeanspruchung der Armatur
E	Elastizitätsmodul der Faser
E_{L}	Elastizitätsmodul in Längsrichtung des GFK-Stabes
E_{T}	Elastizitätsmodul in Querrichtung des GFK-Stabes
F	Faserquerschnitt
F_{max}	Bruchkraft des Isolators
F_{N}	Normalkraft (Presskraft) zwischen Metall und GFK
F_{z}	Normalkraft im GFK-Stab
G_{TT}	Schubmodul „quer-quer" des GFK-Stabes
G_{LT}	Schubmodul „längs-quer" des GFK-Stabes

L, L_{cr}, L_p	Verpressungslänge der Armatur
M_{96}	Mittlere 96 h-Bruchlast
M_{av}	Average failing load of the assembled core
p	Anpressdruck auf den GFK-Stab
r	Koordinate in Radialrichtung des GFK-Stabes
R	Radius vom GFK-Stab vor der Verpressung
S	Von der Armatur umhüllte Oberfläche des GFK Stabes
x,y,z	Geometrieparameter der Armatur
x_{cr}	Kritische Verpressungslänge
x_{max}	Grenz-Verpressungslänge
z	Koordinate in Längsrichtung des GFK-Stabes

3 Verbundstützisolatoren

3.1 Wesentliche Eigenschaften

Verbundstützisolatoren werden, im Gegensatz zu den Verbundlangstäben mit nur axialen Belastungen durch externe Kräfte belastet, welche senkrecht zu der Längsachse des Isolators wirken und somit Biegespannungen am Isolatorenquerschnitt hervorrufen. Diese Biegespannungen erreichen ihren Maximalwert an der Einspannstelle des GFK-Stabes in der Metallarmatur (eingekreist in Abb. 3-1), welche sich an der Befestigungsstelle des Isolators an der Tragkonstruktion befindet, sei es die Traverse eines Stahlgittermastes einer Freileitung, die

Abb. 3-1 220 kV Verbundstützer

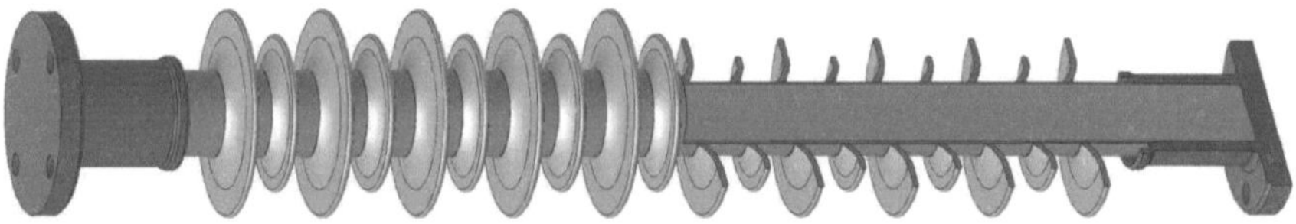

Abb. 3-2 Verbundstützer: Aufbau

Anschlussplatte eines Stahlrohr- oder Betonmastes oder das Podest in einem Umspannwerk und werden im Detail im Abschnitt 3.9 berechnet.

Auf Grund dieser Biegebelastung verwenden Verbundstützisolatoren GFK-Stäbe mit wesentlich grösserem Durchmesser als die Verbundlangstäbe. Während für letztere GFK-Stäbe von 32 mm (1½ Zoll) fast immer ausreichen, benötigen Verbundstützer bei speziellen Anwendungen (z.B. 420 kV Stützisolatoren in Umspannwerken oder Querstreben von Isoliertraversen) GFK-Stäbe von bis zu 150 mm (6 Zoll) Durchmesser. Abb. 3-2 zeigt den Aufbau eines Verbundstützers.

3.2 Anwendungen von Verbundstützisolatoren

Historisch gesehen war die erste Anwendung von Verbundstützern in Verteilnetzen bis 35 kV. Dort sind sie in grossen Stückzahlen eingesetzt, als Seilträger befestigt auf Holz- oder Stahltraversen. In vielen Fällen werden die Stützisolatoren in horizontaler Lage am Mast befestigt (Abb. 3-3).

Üblicherweise spricht man von Leitungsstützern in Übertragungsnetzen mit Nennspannungen über 69 kV. Sie werden, ähnlich wie die Verteilstützer vertikal oder horizontal eingebaut. Da sie wesentlich höhere mechanische Belastungen als die Verteilstützer zu tragen haben, verwenden sie GFK-Stäbe

Abb. 3-3 Mittelspannungsstützer

von typisch 63 mm (2½ Zoll), 76 mm (3 Zoll) und – seltener – 88 mm (3½ Zoll) Durchmesser.

Leitungsstützer tragen zu einer Kompaktierung und zur Ästhetik des Leitungsbildes bei, sowie zu einer wesentlichen Reduzierung des erforderlichen Leitungskorridors (engl. *right of way*), in Zeiten von langwierigen Genehmigungsverfahren für neue Leitungen nicht zu unterschätzende Vorteile. Abb. 3-1 zeigt ein Beispiel der horizontalen Einbauweise bei einer 220 kV Freileitung. In Abb. 3-4 dagegen wird die vertikale Bauweise gezeigt bei der sog. Trident-Anordnung (mit *trident* wird im englischen der Dreizack des mythischen Griechischen Meeresgottes Poseidon bezeichnet).

Bei Spannungen über 220 kV (in den meisten Fällen sogar über 132 kV), sind die mechanischen Belastungen so gross, dass ein einzelner horizontaler Stützer sie nicht aufnehmen kann. Er wird dann mit einem Zugisolator verankert. Diese Bauweise wird als Isoliertraverse bezeichnet (engl. *braced line post* bzw. *horizontal-V*) (Abb. 3-5). In diesem Fall wird des Stützisolators primär auf Knicken beansprucht. Diese Bauweise ist typisch für Kompaktleitungen, welche wegen ihrer zunehmenden Bedeutung in nächsten Kapitel ausführlich behandelt werden.

Abb. 3-4 132 kV Leitung mit Trident-Masten in den Highlands von Schottland

Abb. 3-5 Horizontalstützer in einer Isoliertraverse

Eine weitere Spezialanwendung bei der die Verbundisolatoren Druckbelastungen aushalten müssen, sind die Phasenabstandshalter (engl. *interphase spacers*), welche sowohl zur Leitungskompaktierung als auch zum Unterdrücken vom Seilgalloping eingesetzt werden. Den Phasenabstandshaltern und deren speziellen Belastungen (Kräfte aus Kurzschluss bzw. Eislastabwurf) wird ein eigenes Kapitel (Kap. 5) gewidmet.

Während die obengenannten Anwendungen von Verbundstützisolatoren in den Freileitungen aller Spannungsebenen seit vielen Jahren "Stand der Technik" sind, steht deren Einsatz in Freiluftschaltanlagen als Stationsstützer (engl. *station post*) erst in den Anfängen. Nichtsdestotrotz findet man sie dort als Sammelschienenstützer (Abb. 3-6), Gerätestützer (Trenner, Resonanzspulen) aber auch als Stützer von Kabelendverschlüssen sowohl für die Hoch- als auch – und das schon länger in grösseren Stückzahlen – für die Mittelspannung. Eine ähnliche Anwendung ist deren Einsatz als Schlaufenstützer bei Hochspannungsfeileitungen. Vor kurzem gab es auch die erste Anwendung für 800 kV DC [Papailiou et al. 2010], wobei die hohen Belastungen eine spezielle Dreibein-Konstruktion mit über 10 m Höhe und einer Prüfkraft (Biegung) von 10 kN erforderten (Abb. 3-7).

Recht früh erfolgte der Einsatz von Verbundisolatoren in der Bahntechnik und da speziell als Stützer für den Pantographen oder für die Stromschienen, aber vor allem als integraler Bestandteil der Mastausleger der Oberleitung und dies sowohl im Tunnel (Abb. 3-8) als auch auf der freien Strecke (Abb. 3-9).

Abb. 3-6 Sammelschienenstützer

3.3 Das Verhalten von Verbundstützisolatoren unter Biegung

3.3.1 Allgemeines

Wie im obigen Abschnitt erläutert, werden Verbundstützisolatoren primär auf Biegung belastet. Im Folgenden wird nun auf das mechanische Verhalten von Verbundstützern auf solche Biegebelastungen eingegangen, wobei dem Versagensmodus und der historischen Entwicklung von Prüfvorschriften für solche Isolatoren besondere Aufmerksamkeit gewidmet wird. Auch wenn Isolatoren generell primär auf statische Beanspruchung ausgelegt und geprüft werden, wurden Stützisolatoren, welche durch ihre Einbaulage auch schwingenden Beanspruchungen vermehrt ausgesetzt werden können (z. B. Horizontalstützer

Abb. 3-7 800 kV DC Dreibein

Abb. 3-8 15 kV Bahnisolator im Lötschbergtunnel

Abb. 3-9 25 kV Bahnisolator in Hochgeschwindigkeitsstrecke

mit schwingenden Leiterseilen), auch auf solche – dynamische – Belastungen ausführlich untersucht; darüber wird auch berichtet. Im Weiteren wird in diesem Kapitel ein analytisches Werkzeug ("tool") vorgestellt, das dazu gedacht ist, durch einen übersichtlichen Formalismus sowohl die realitätsnahe Auslegung solcher Isolatoren zu ermöglichen, als auch das physikalische Verständnis für diese doch komplexen physikalischen Vorgänge bei der Isolatorenbiegung zu erleichtern. Das Ganze wird mir der Darstellung eines FEM-Simulationskonzeptes sowie mit der kurzen Erläuterungen der gängigen Prüfvorschriften abgerundet.

3.3.2 Einführung einer Schadensgrenze (damage limit)

In den letzten Jahren konnten Verbundisolatoren und insb. Verbundstützisolatoren konventionelle Isolatoren aus Porzellan und Glas zunehmend ersetzen. Speziell ist bei den Verbundstützern, dass deren tragende Komponente, d.h. der GFK-Stab, zäh ist, weswegen es beim mechanischen Versagen des Isolators keine physische Trennung des Isolierkörpers (wie. z.B. bei einem Porzellanisolator) und somit keine Gefahr eines katastrophalen Seilabwurfes gibt. Das heisst wiederum, dass die „Versagenslast“ nicht so eindeutig definiert werden kann. Insbesondere kann der GFK-Stab vom Isolator beschädigt werden, bevor eine markante Änderung des Biegeverhaltens des Isolators auftritt. So eine

Schädigung (es handelt sich dabei um Mikrorisse im GFK-Material) mag das Kurzzeitverhalten des Isolators nicht beeinflussen, kann aber seine Lebensdauer reduzieren, da in diesen Mikrorissen Teilentladungen ausgelöst werden können mit deren bekannten negativen Folgen auf die elektrische (und letztlich auf die mechanische) Festigkeit des Materials. Es war deswegen wichtig eine Testmethode zu entwickeln, um festzustellen bei welchen mechanischen Belastungen diese Mikrorisse im GFK-Stab entstehen werden.

Diese Methode basiert auf die Vorstellung einer Schadensgrenze (engl. *damage limit concept*), welche zunächst von [Dumora et al. 1990] präsentiert worden ist. Dieses Konzept baut auf die Beobachtung auf, dass beim GFK-Stab ein deutliches Kriechen auftritt, sobald dieser einer konstanten Belastung ausgesetzt wird. Im Falle von Verbundstützern – auf Biegung belastet – führt dies mit der Zeit zu einer merklichen Erhöhung ihrer maximalen Durchbiegung.

Zum besseren Verständnis dieses Phänomens wurden 1 m lange GFK-Stäbe von 63 mm (2½ Zoll) Durchmesser (in dem Fall handelte es sich. um Verbundstützer vor dem Aufbringen der Silikonbeschirmung) einige Wochen lang auf reine Biegung belastet. Dabei wurde die Änderung Δf der Durchbiegung über die Zeit t gemessen. Werden die Messergebnisse semi-logarithmisch aufgetragen (Abb. 3-10), so ergibt sich eine Schar von Geraden, welche folgender Gleichung folgen: $\Delta f = A \log t$

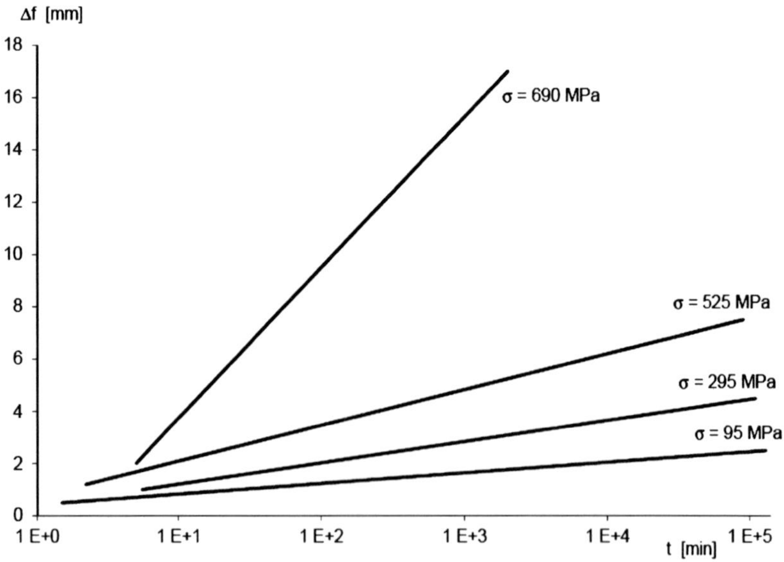

Abb. 3-10 Veränderung der Durchbiegung über der Zeit mit der Biegespannung als Parameter [Dumora et al. 1990]

Die daraus ermittelten Werte des Koeffizienten A sind in Abb. 3-11 aufgetragen. Die dazugehörige Kurve ändert ihre Steigung bei –kalkulatorischen– Biegespannungen (gerechnet an der Einspannung) in der Grössenordnung von 500 MPa. Im unteren Spannungsbereich kehrt der GFK-Stab nach einer gewissen Relaxationszeit auf seine Ausgangslage zurück. Für Biegespannungen oberhalb 500 MPa, weist der Kriechkoeffizient A ein nichtlineares Verhalten auf. Das hat zur Folge, dass höhere Belastungen (aber immer noch unterhalb der Bruchspannung von ca. 800 MPa) innerhalb von wenigen Tagen zu einem Totalversagen des GFK-Stabs führen. Werden diese Isolatoren nach wenigen Stunden entlastet, geht zwar deren Durchbiegung markant zurück, sie behalten aber eine bleibende Verformung, welche von der Höhe und der Dauer der aufgebrachten Belastung abhängt.

Zusammenfassend ist festzuhalten, dass die GFK-Stäbe – und somit die Verbundstützer – bei einfacher Biegebelastung und bei Umgebungstemperatur ein ähnliches Verhalten zeigen wie ein zäher metallischer Werkstoff, d.h. es gibt eine rein elastische Verformung bei niederen Belastungen und eine quasi plastische Verformung bei höheren Belastungen. Die Biegespannung, welche

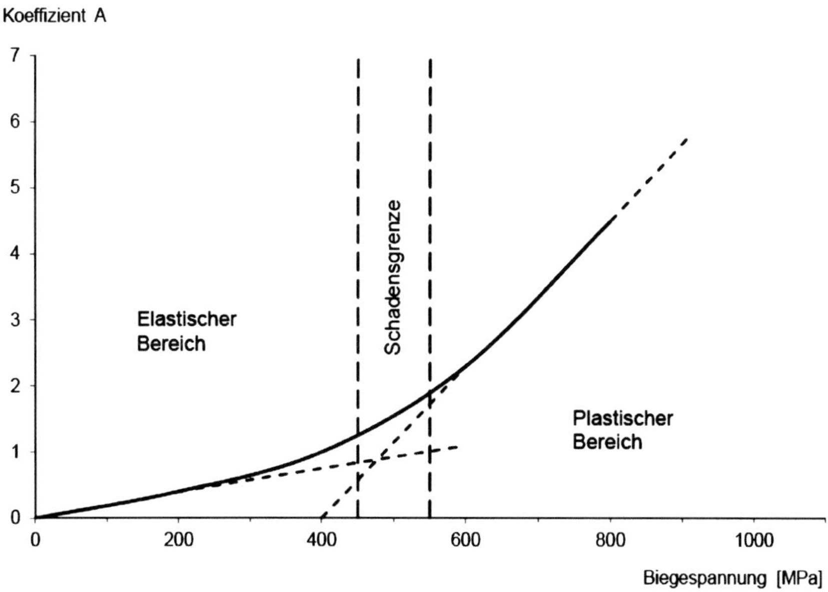

Abb. 3-11 Kriechkoeffizient A über die Biegespannung [Dumora et al. 1990]

diese zwei Bereiche separiert, wird als Schadensgrenzspannung (*damage limit stress*) bezeichnet (Abb. 3-11).

3.3.2.1 Versuche zur Bestimmung der Schadensgrenze

Dieses Konzept wurde innerhalb der damaligen CIGRE Arbeitsgruppe 22.3 (Isolatoren) weiterverfolgt mit dem Ziel, ein praktikables Testverfahren zu entwickeln [ELECTRA 1996]. Zu diesem Zweck wurden mehrere Versuche an verschiedenen Isolatorentypen durchgeführt.

Zur besseren Vergleichbarkeit zwischen den verschiedenen geprüften Isolatorentypen, wurden die Ergebnisse in Abhängigkeit der nominalen Biegespannung σ dargestellt, welche sich mit der bekannten Formel vom einseitig eingespannten Balken darstellen lässt:

$$\sigma = \frac{F_{\mathrm{b}} \cdot l}{\pi \cdot d^3/32} \tag{3.1}$$

Darin bedeuten:

σ maximale Zug oder Druckspannung
F_b äussere Belastung (Biegung)
l freie Biegelänge
d Stabdurchmesser

Es darf an dieser Stelle mit Nachdruck darauf hingewiesen werden, dass die so berechnete Biegespannung nur zu Vergleichszwecken dienen sollte. Wie im Abschnitt 3.10 erläutert, ist der tatsächliche Spannungszustand im Isolator viel zu komplex, um nur mit der obigen einfachen Formel dargestellt zu werden.

In den ersten Versuchsreihen wurde die Schadensgrenze ermittelt sowohl durch die Messung der Veränderung der Durchbiegung über die Zeit, als auch mit einer visuellen Untersuchung der Staboberfläche auf Risse, weswegen die Prüfisolatoren ohne Beschirmung gefertigt wurden. Zur besseren Vergleichbarkeit haben alle an dem Versuch beteiligten Isolatorenhersteller Isolatoren mit gleichen Abmessungen beigestellt, d.h. mit 45 mm Stabdurchmesser und 0,3m freie Biegelänge („kurze Isolatoren“) und mit 63 mm Stabdurchmesser und 1.2 m Biegelänge („lange Isolatoren“).

Diese Versuche wurden mit dem im Abschnitt 3.2 geschilderten Verfahren durchgeführt. In diesem nicht destruktiven Verfahren wird durch eine 10 Tage dauernde Aufbringung einer konstanten Biegelast der Parameter $\Delta f / \log t$ ermittelt (t reicht hier von 0 bis 240 h) und daraus die Schadensgrenze bestimmt. Nachdem die Isolatoren keine Beschirmung hatten, war es nach der

Entlastung möglich die Oberfläche der GFK-Stäbe auf sichtbare Schäden zu kontrollieren.

Die so ermittelten Schadensgrenzen sind für „kurze“ Isolatoren in Abb. 3-12 und für „lange“ Isolatoren in Abb. 3-13 präsentiert. Man erkennt, dass die Schadensgrenze für „kurze“ Isolatoren mit Werten zwischen 325 und 425 MPa tiefer liegt als für die meisten „langen“ Isolatoren, welche Werte zwischen 475 und 600 MPa aufweisen.

Nach jedem Versuch wurden die Isolatoren auch visuell zur Lokalisierung von Oberflächendefekten untersucht. Für die meisten Isolatoren sind Risse an der Staboberfläche, welche auf eine Delamination des Verbundmaterials hinweisen, bei Biegespannungswerten oberhalb 400 MPa bis 450 MPa festzustellen. In den meisten Fällen wurde eine gute Übereinstimmung mit den Messungen der Veränderung der Durchbiegung festgestellt, d.h. unterhalb den durch diese Messung ermittelten Schadensgrenzen waren keine Beschädigung an der Staboberfläche sichtbar.

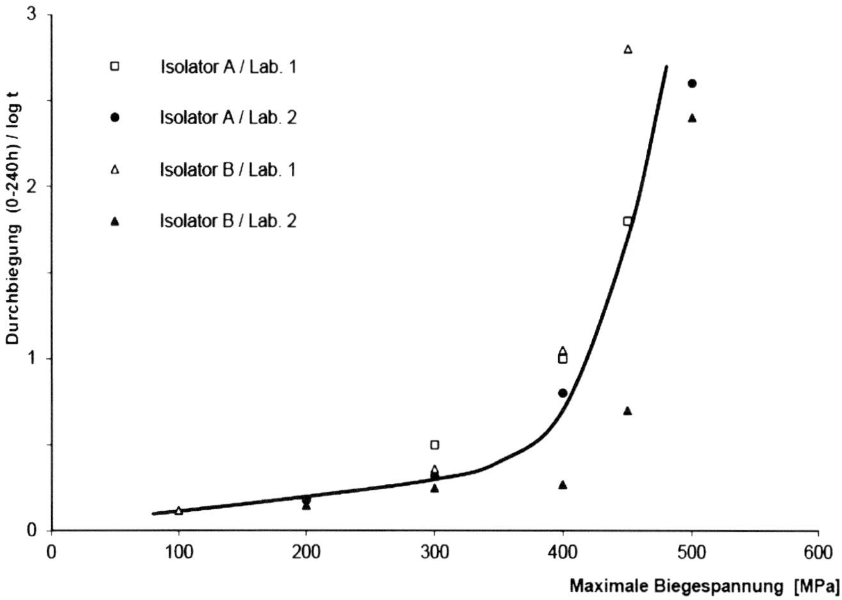

Abb. 3-12 Durchbiegung über der max. Biegespannung für „kurze“ Isolatoren [ELECTRA 1996]

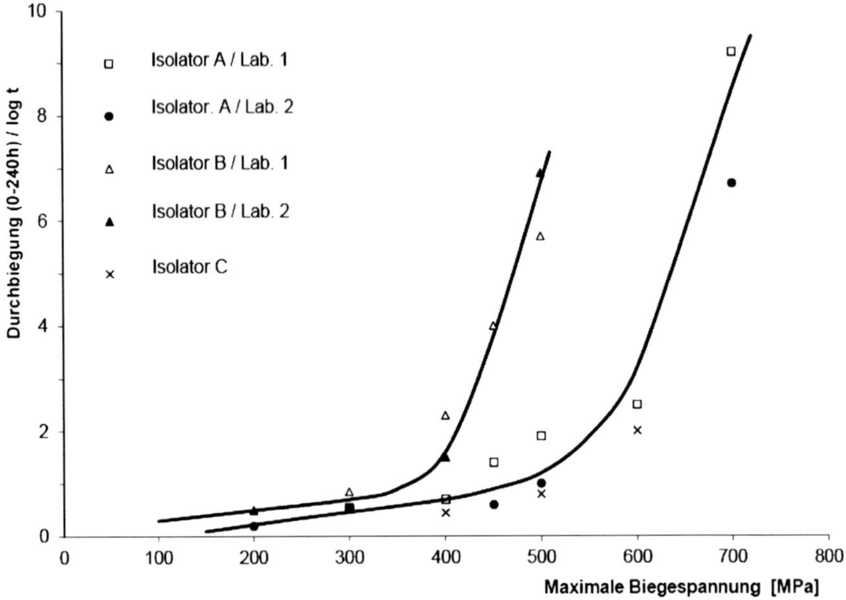

Abb. 3-13 Durchbiegung über der max. Biegespannung für „lange" Isolatoren [ELECTRA 1996]

In der zweiten Versuchsserie wurden kommerziell verfügbare Isolatoren untersucht, welche mit einer Silikonbeschirmung schon versehen waren. Es gab zwei Stabdurchmesser von 45 mm und 63 mm und die freie Biegelänge lang zwischen 0.41 m und 0.71 m. Die Isolatoren wurden installiert und mit realitätsnahen Biegekräften belastet. Nach 4.5 Tagen wurden sie entlastet und der GFK-Stab samt Metallarmatur vorsichtig aufgeschnitten und zwar in der Ebene definiert durch die Stabachse und die Lastrichtung. Die Schnittfläche wurde poliert und auf das Vorhandensein von Rissen untersucht.

Die Versuchsergebnisse der Isolatoren mit Silikonbeschirmung haben klar aufgezeigt, dass beide Stabgrössen (mit 45mm bzw. 63 mm Durchmesser) unterhalb der vorher ermittelten Schadensgrenze (*damage limit*) beschädigt worden sind. Die zuerst aufgetretenen Risse sind fast senkrecht zur Längsachse des GFK-Stabes und befinden sich auf der Druckseite des Stabes, ziemlich genau an der Stelle wo die Metallarmatur aufhört den Stab zu berühren (Abb. 3-14). Dadurch wird verständlich, warum diese Risse bei den Durchbiegungsmessungen und der darauf folgenden Begutachtung der Staboberfläche unentdeckt blieben. Der physikalische Hintergrund dieser Risse wird in Abschnitt 3.11 erläutert.

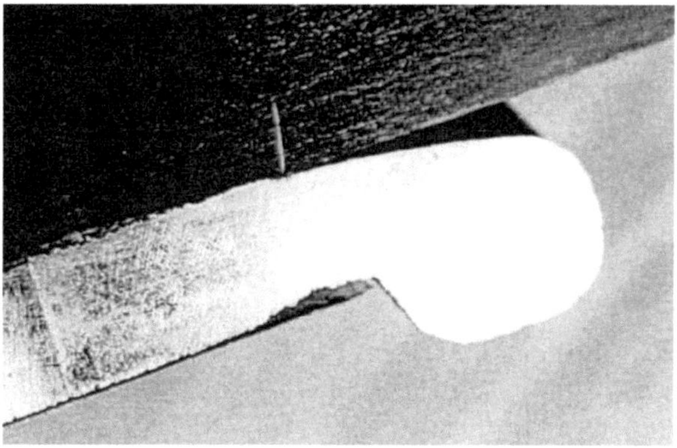

Abb. 3-14 Riss auf der Druckseite des Stabes [ELECTRA 1996]

Es ist interessant festzustellen, dass während ein Isolator ohne Silikonbeschirmung bei 400 MPa, solche Risse an der Druckseite aufwies, bei zwei ähnlichen Isolatoren, allerdings mit Beschirmung, bis 500 MPa keine Risse auftraten. Das ist ein Hinweis auf die positive Wirkung einer eng anschmiegsamen Silikonbeschirmung in der Nähe des kritischen sog. Tripel-Punktes GFK-Stab/Endarmatur/Beschirmung.

Die oben gewonnen Erkenntnisse können wie folgt zusammengefasst werden:

- Die maximale Biegebelastung eines Stützisolators im Betrieb ist die Biegekraft, welche an den Isolator aufgebracht werden kann ohne jeglichen Schaden an dem GFK-Stab des Isolators zu verursachen. Die Ermittlung dieser Last setzt umfangreiche Prüfungen und Untersuchungen durch den Isolatorenhersteller voraus.
- Wenn Verbundstützer Biegebelastungen erfahren oberhalb der maximalen Biegebelastung (s. o.), werden im GFK-Stab in der Nähe der Fussarmatur Risse initiiert bevor irgendwelche äussere Anzeichen im mechanischen Verhalten des Isolators erkennbar sind. Diese Risse können nur durch eine spezielle „interne“ Untersuchung, wie oben beschrieben, festgestellt werden.
- Mit Ausnahme von “langen” Stützisolatoren, beginnt das Versagen auf der Druckseite knapp innerhalb der Fussarmatur. Bei langen Stützern dagegen, kann eine Längsdelamination des GFK-Stabes vorher stattfinden (s. a. Abschnitt 3.11).

Diese Erkenntnisse wurden anschliessend in den internationalen Vorschriften als Bauart-Prüfungen (*design tests*) implementiert. Konkret werden Verbundstützisolatoren ausgelegt und geprüft nach der IEC Vorschrift 61952 „Composite Line Post Insulators". In dieser Vorschrift sind folgende Prüflasten definiert:

- Die Mindestbiegebruchlast SCL (**Specified Cantilever Load**) ist die Biegebelastung, die ein Isolator am Leiterpunktende bei der Prüfung standhalten kann. Dieser Wert wird vom Hersteller angegeben.
- Die Bruchlast CFL (**Cantilever Failing Load)** ist die maximale Belastung, die bei Prüfung des Isolators erreicht wird; sie sollte höher als die Mindestbiegebruchlast liegen.
- Die maximale Betriebsbiegelast MDCL (**Maximum Design Cantilever Load**), oberhalb derer eine Beschädigung des Kerns einsetzt und die die Grenzbelastung für die im Betrieb auftretenden Belastungen ist. Die MDCL wird vom Hersteller auf Grund der im Abschnitt 6.3.1 der oben genannten IEC-Vorschrift festgelegten Prüfung ermittelt. Die Prüfung sebst wird im nächsten Abschnitt beschrieben. Die MDCL liegt üblicherweise ca. 25% unterhalb der eigentlichen Schadensgrenzlast DLL (**Damage Limit Load**).

3.3.2.2 Versuch zur Bestimmung der maximalen Betriebsbiegelast (MDCL)

Es sind drei Isolatoren von der Fertigung zu prüfen, die mit den Standard-Endarmaturen versehen sind. Die Gesamtlänge der Isolatoren muss dem 15-fachen bis 18-fachen Kerndurchmesser entsprechen, es sei denn, der Hersteller verfügt über keine geeigneten Einrichtungen zur Herstellung von Isolatoren dieser Länge. In diesem Fall muss die Isolatorenlänge dem vorgeschriebenen Längenbereich möglichst nahe kommen.

Die Fussarmatur muss bei dieser Prüfung möglichst starr fixiert werden. Bei einer Temperatur von (20 ± 10) °C wird der Isolator schrittweise bis zur 1.1-fachen MDCL beansprucht. Diese Last ist 96 h zu halten. Die Beanspruchung des Isolators muss an der Stelle, wo sich der Leiter befindet, in der den Endarmaturen entsprechenden Richtung und anfangs rechtwinklig zum Kern erfolgen

Als zusätzliche, wertvolle Information empfiehlt es sich bei 24h, 48h, 72h und 96h, die Durchbiegung des Isolators an der Kraftangriffsstelle zu registrieren.

Nach Aufheben der Belastung sind folgende Schritte erforderlich:

- Sichtprüfung der Fussarmatur auf Risse oder bleibende Verformung
- sowie – durchaus empfehlenswert – Messung der Durchbiegung.

Jeder Isolator wird in einem Abstand von etwa 50 mm zur Fussarmatur in einem Winkel von 90° zur Kernachse durchtrennt, anschliessend wird die Fussarmatur in Längsrichtung in der Ebene, in der zuvor die Biegebelastung aufgebracht wurde, in zwei Hälften geschnitten. Die Schnittflächen müssen mit Schleifleinen (Korngrösse 180) geglättet werden. Dann sind die Schnitthälften einer Sichtprüfung auf Risse und Delamination zu unterziehen. Um Risse zu erkennen, ist dann an den Schnittflächen eine Farbeindringprüfung nach ISO 3452 durchzuführen.

Annahmekriterien: Ein Versagen bei angreifender Belastung, Risse oder bleibende Verformungen, sowie unbrauchbare Gewinde in der Fussarmatur, oder das Vorhandensein von Rissen oder Delamination im Stab an einem einzigen Prüfling, stellen einen Ausfall dar.

Diese Farbeindringprüfung ist einerseits sehr gut geeignet zur „Entdeckung“ auch von feinen Rissen einerseits und andererseits zur optischen Bestätigung der maximalen Betriebsbiegelast (MDCL). Der Prüfling in Abb. 3-15 hat die Prüfung bestanden, der Prüfling in Abb. 3-14 dagegen offensichtlich nicht.

3.3.2.3 Bestimmung der MDCL und der SCL im gleichen Versuch

Die eben beschriebene Prüfung zur Bestimmung der MDCL ist etwas langwierig (Dauer 4 Tage) und wird leider oft “übersehen”. Das ist deswegen unglücklich, da der Sinn dieser Prüfung ist, den Qualitätsanspruch des Isolatorenherstellers bezüglich Metallarmaturen, GFK-Stab aber auch des Verpressungsvorgangs sicherzustellen. Aus diesem Grunde und da die MDCL für den störungsfreien

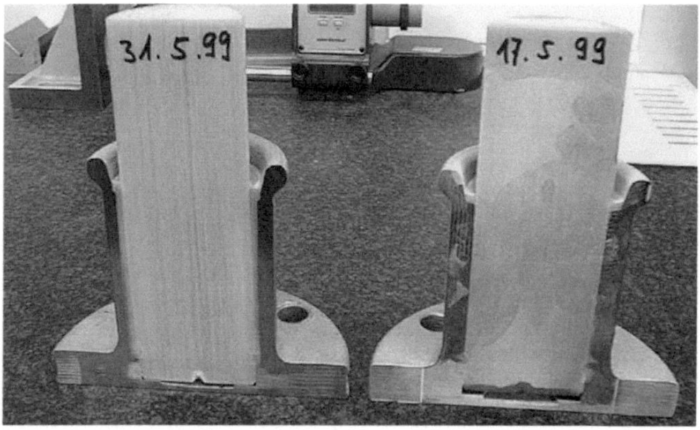

Abb. 3-15 Keine Risse, „Prüfung bestanden“: links ohne, rechts mit Farbmittel

Betrieb des Verbundstützers eine ganz entscheidende Rolle spielt, wurde nach einem einfachen Kurzzeittest zu deren Bestimmung gesucht. Das ist auch gelungen nach tiefgehenden Untersuchungen, welche in Abschnitt 3.10 präsentiert werden, welche gezeigt haben, dass der Last-Durchbiegungsverlauf gut dafür geeignet ist die MDCL zu ermitteln [Schmuck et al. 2010]. In der Praxis ist es somit ausreichend die MDCL aus der Steigung der Last-Durchbiegungskurve, oder besser gesagt aus deren Veränderung, d.h. dort wo die Nichtlinearität des Kurvenverlaufs beginnt, zu bestimmen (Abb. 3-16). Durch Fortführung dieses relativ einfachen Versuches bis zum Versagen des Isolators, kann auch dessen Bruchlast (CFL) festgestellt werden.

3.4 Herstellerangaben zum SCL/MDCL Konzept

Die Kataloge von einigen führenden Isolatorenherstellern wurden gesichtet und deren Bemessungsansätze für Verbundstützer miteinander verglichen. Dabei konnte festgestellt werden, dass eine gewisse Übereinstimmung herrscht über die numerischen Verhältnisse der oben genannten Prüflasten und zwar:

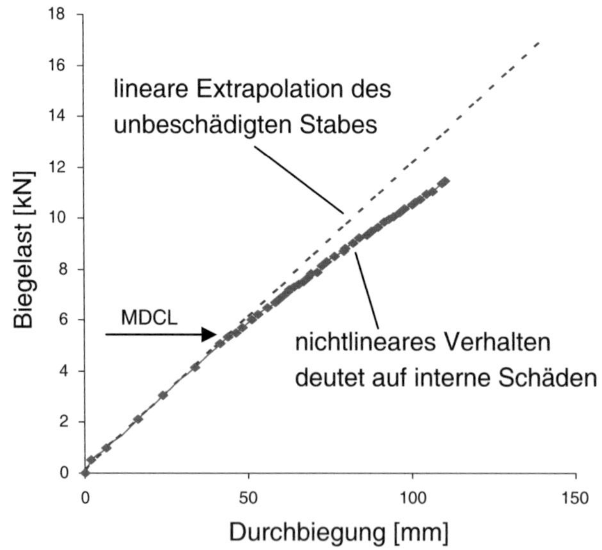

Abb. 3-16 Last-Weg Diagramm zur Bestimmung von MDCL und CFL bei einem 38 mm Stützer [Schmuck et al. 2010]

- Die Biegebruchlast CFL ist üblicherweise 15% bis 20% höher als die Mindestbiegebruchlast SCL
- Die Schadensgrenzlast DLL ist ca. 20% bis 40% kleiner als die Biegebruchlast CFL
- Die maximale Betriebsbiegelast MDCL beträgt ca. die Hälfte der Mindestbiegebruchlast SCL
- Die Schadensgrenzlast DLL ist ca. 25% höher als die maximale Betriebsbiegelast MDCL.

Aus den MDCL Werten und anderen Angaben in den Katalogen der Hersteller wurden nach der Formel für die Biegespannung σ in Abschnitt 3.6.2.1 die unten angegebenen maximal zulässigen (nominalen) Spannungen (in MPa) bei der maximalen Betriebsbiegelast berechnet. Mit den oben angegebenen Verhältniswerten ergeben sich daraus Spannungen für die Mindestbiegebruchlast in der Grössenordnung zwischen 540 und 780 MPa.

3.5 Das sichere Verhalten beim Versagen von Verbundstützern (safe failure mode)

Ein wesentlicher Unterschied zwischen Verbundleitungsstützern und solchen aus Porzellan wurde in [Schmuck & Papailiou 2000] aufgezeigt und als „sicheres Verhalten beim Versagen“ (engl. *safe failure mode*) bezeichnet. Dieses Konzept wurde entwickelt im Rahmen eines Versuchsprogramms mit drei verschiedenen Isolatorentypen, wie diese bei der SBB (Schweizerische Bundesbahn) bei ihren Fahrleitungsauslegern (Leiter-Erdspannung: 15 kV AC, einphasig) eingesetzt werden. Konkret waren dies ein Silikonverbundisolator, ein Porzellanisolator (beide 13 Jahre im Betrieb) sowie ein Giessharzisolator (2 Jahre im Betrieb), Abb. 3-17.

Alle drei Isolatoren wurden unter den gleichen Bedingungen auf Biegung bis

Tab. 3-1 Maximal zulässige (nominale) Spannungen (in MPa) bei der maximalen Betriebsbiegelast für verschiedene Hersteller

Stabdurchmesser	44 mm	63 mm	76 mm	88mm
Hersteller A	345-320	345-375		330
Hersteller B	390	345-375	380-365	
Hersteller C	350-330	330-270		

Abb. 3-17 15 kV Bahnisolatoren (v. l. Silikon, Porzellan, Giessharz) [Schmuck & Papailiou 2000]

zum Versagen – mit Absicht ist hier nicht von Bruch die Rede – beansprucht. Dabei wurde die Biegebruchlast (CFL) mit der in der oben zitierten IEC Vorschrift 61952 Typenprüfung verifiziert. Die Testprozedur weist Ähnlichkeiten auf mit der entsprechenden Prüfung zur Ermittlung der Biegebruchlast von Porzellanstützern. Dabei wird die Biegelast zügig aber gleichmässig erhöht und zwar von Null bis zu ca. 75% der Mindestbiegelast SCL. Anschliessend wird die Prüflast innerhalb eines Zeitfensters zwischen 30 s und 300 s angehoben bis ein Versagen vom Isolatorenkern (GFK-Stab) oder der Fussarmatur auftritt. Verglichen mit dem früher beschriebenen 96 h Test zur Überprüfung der maximalen Betriebsbiegelast (MDCL) ist diese eine Kurzzeitprüfung. Dabei wird Sorge getragen, dass während dem gesamten Versuch die Lastrichtung möglichst senkrecht zur Achse des unbelasteten Isolators bleibt, was ob der relativ grossen Durchbiegung versuchstechnisch nicht ganz trivial ist.

Die Prüfergebnisse kann man wie folgt festhalten:

- Der Porzellanstützer hat bei 20 kN versagt. Das Bruchbild zeigt wie erwartet eine physische Trennung des Isolators in zwei Teilen (Abb. 3-18 links). Die errechnete Bruchspannung betrug dabei 182 MPa.

- Der Giessharzstützer zeigte ein ähnliches Verhalten. Er erreichte bis zum Bruch eine Biegelast von 20 kN und zerfiel dabei in zwei Teile (Abb. 3-18 rechts). Die errechnete Bruchspannung betrug in diesem Fall 133 MPa.

Der Silikonstützer (Abb. 3-17 links) besass einen GFK-Stab mit uniaxial gerichteten Glasfasern und mit einem Glasgewichtanteil von ca. 65% und war fast 15 Jahre lang in einem Fahrleitungsausleger der SBB eingebaut und zwar in einem Tunnel (Abb. 3-8), d.h. unter ungünstigen Umgebungsbedingungen (Verschmutzung, Feuchtigkeit, keine Reinigung durch Regen, etc.). Das Verhalten vom Silikonstützer beim Versagen war deutlich anders als das der anderen Isolatoren mit konventionellen Materialien. Unter identischen Prüfbedingungen erreichte er eine Bruchlast von 40 kN (das entspricht einer kalkulierten Nennbruchspannung von 540 MPa), ohne dass dabei eine physische Trennung des Isolatorenkörpers aufgetreten ist (Abb. 3-19).

In Abb. 3-20 werden die unterschiedlichen Verhaltensweisen der Isolatoren mit spröden Materialien (Porzellan, Giessharz) mit dem des Verbundstützers

Abb. 3-18 Bruchbilder des Porzellanstützers (links) und des Giessharzstützers [Schmuck & Papailiou 2000]

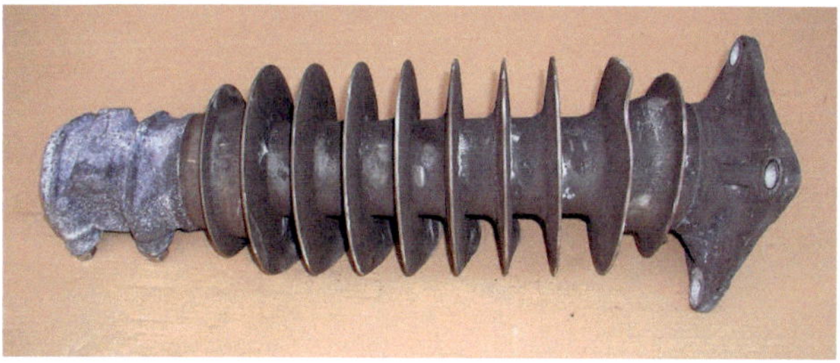

Abb. 3-19 Versagen des Silikonstützers: es findet keine physische Trennung statt [Schmuck & Papailiou 2000]

– mit dem „flexiblen“ GFK-Stab – miteinander verglichen. Der Isolator mit dem GFK-Stab zeigt dabei eindeutig eine höhere Sicherheitsmarge.

Nach diesem Kurzzeittest wurde der gleiche Isolator in einem 96 h Test mit seiner Betriebslast beaufschlagt mit dem Ziel sein Verhalten nach der eingetretenen Vorschädigung zu untersuchen. Die Versuchsdauer mit 96 h wurde gewählt, da diese als sinnvoller Kompromiss für einen mechanischen Langzeitversuch von Verbundisolatoren allgemein akzeptiert ist. Interessant ist, dass weder während noch nach diesem Versuch irgendwelche Anzeichen von einer weiteren Schädigung des Isolators, z.B. eine Erhöhung der Durchbiegung, aufgetreten sind, weswegen dieses besondere Verhalten des Verbundstützers mit einem GFK-Kern in [Schmuck & Papailiou 2000] als „sicheres Verhalten beim Versagen“ (engl. *safe failure mode*) „getauft“ worden ist.

Dieses in gewissem Sinne einmalige wie nützliche Verhalten von Verbundstützern wurde im Rahmen eines selbst entwickelten Versuchs weiter untermauert [Cavelti et al. 2001]. Bei diesem Versuch wurde ein Isolator, typisch für Nennspannungen 36…52 kV, mit einer SCL von 10 kN, aber ohne Silikonbeschirmung – zur besseren Sichtkontrolle – nach Vorschädigung durch

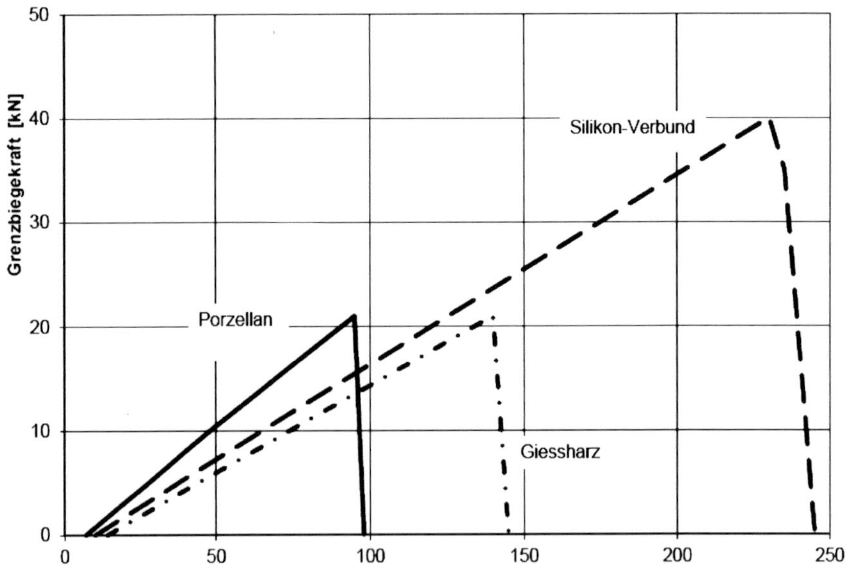

Abb. 3-20 Vergleich der Belastungsdiagramme der drei Stützisolatoren [Schmuck & Papailiou 2000]

die SCL Prüfung (Abb. 3-21a), einer 96 h Prüfung mit 5 kN nach der MDCL Prüfphilosophie von IEC 61952 unterzogen (Abb. 3-21b) und hat diese erfolgreich bestanden und zwar ohne sichtbare äussere Schäden am GFK-Stab, geschweige einer physischen Teilung des Gleichen.

Die langjährige Betriebserfahrungen mit Verbundstützern, sowie die Durchführung von sehr vielen Biegeversuchen einschl. der detaillierten Untersuchungen des Bruchverhaltens der Isolatoren bei denen das oben beschriebene Verhalten immer wieder beobachtet wurde, können, was die Betriebssicherheit der Leitung betrifft, wie folgt zusammengefasst werden:

- Im Falle einer Überlast zeigt ein korrekt dimensionierter und hergestellter Verbundstützer ein sicheres Verhalten beim Versagen (*safe-failure mode*). Es findet kein eigentlicher Bruch statt, welcher zu einer physischen Teilung des Isolators führt. Der überbeanspruchte Isolator kann bei einer Wartungsinspektion und zwar aus der Distanz auf Grund seiner übermässigen Durchbiegung, leicht erkannt werden.
- Trotz der starken Durchbiegung und wegen der relativ hohen Restfestigkeit des Isolators, behält in den meisten Fällen das spannungsführende Leiterseil bis zur Schadensbehebung in etwa seine ursprüngliche Position.

3.6 Kombinierte Belastungen

Bis jetzt wurden Isolatoren mit einer Biegebelastung nur in eine Richtung betrachtet. Leitungsstützer werden aber im Betrieb oft sowohl in vertikaler wie in horizontaler Richtung auf Biegung, sowie in axialer Richtung auf Druck,

Abb. 3-21 a) Prüfung mit SCL=10 kN (Vorschädigung), b) anschliessende 96 h-Prüfung mit MDCL = 5 kN [Cavelti et al. 2001]

belastet. Die vertikale Biegebelastung wird primär durch das Seileigengewicht, die longitudinale Belastung durch den Seilzug hervorgerufen. Axiale Druck- aber auch Zugbelastungen entstehen durch den Wind senkrecht zur Leitungsrichtung und im Falle von Winkelmasten durch die durch die Änderung der Leitungsrichtung hervorgerufene Winkelkraft. Letztendlich müssen alle diese Kräfte bei der Auswahl des passenden Isolators berücksichtigt werden. Dies geschieht in der Praxis durch die Verwendung von Lastdiagrammen (engl. *application curves*).

Wie in Abschnitt 3.6.2.1 gezeigt wird, existiert für Leitungsstützer eine einfache analytische Formel, welche bis zu einer maximalen Durchbiegung von ca. 10% der Isolatorenlänge verwendet werden kann und dabei zufriedenstellende Resultate liefert. Für grössere Durchbiegungen muss auf Computersimulationen zurückgegriffen werden. Im Folgenden werden beide Berechnungsmethoden erläutert und die damit gewonnenen Rechenergebnisse mit entsprechenden Laborversuchen verglichen.

3.6.1 Lastdiagramme

Die richtige Auswahl eines Verbundstützers, d.h. eines Isolators welcher eine hohe Betriebssicherheit gewährleistet, hängt auch von der guten Zusammenarbeit zwischen dem Anwender und dem Hersteller des Isolators ab. Der Anwender hat aus den Leitungsdaten, sowie aus den Betriebsbedingungen, die Kräfte an der Isolatorenspitze in vertikaler, longitudinaler und axialer Richtung zu bestimmen und zwar einschliesslich etwaiger Faktoren, welche die Unsicherheit in der Bestimmung dieser Lasten berücksichtigen. Der Hersteller dagegen, der vorab die maximale mechanische Spannung welcher am GFK-Stab des Isolators auftreten darf, ermittelt hat, muss angeben, welche Kombinationen dieser Kräfte zulässig sind, d.h. bei welchen Kombinationen diese maximal zulässige Spannung nicht überschritten wird. Diese zulässigen Lastkombinationen werden dann in Form von Lastdiagrammen (engl. *application curves*) dargestellt. Eigentlich basieren diese Lastdiagramme primär auf den mechanischen Eigenschaften des GFK-Stabes. Es kann aber auch sein, dass die Endarmaturen und da insb. die Fussarmatur, der limitierende Faktor für eine spezielle Anwendung sind. In den folgenden Beispielen weisen die schraffierten Flächen in den Diagrammen auf das Überschreiten der Festigkeit der Armaturen hin.

Die folgenden Berechnungen [ELECTRA 2002], basieren auf die untengenannten Annahmen (Abb. 3-22):

- Beide Metallarmaturen des Isolators werden als vollständig steif ange-

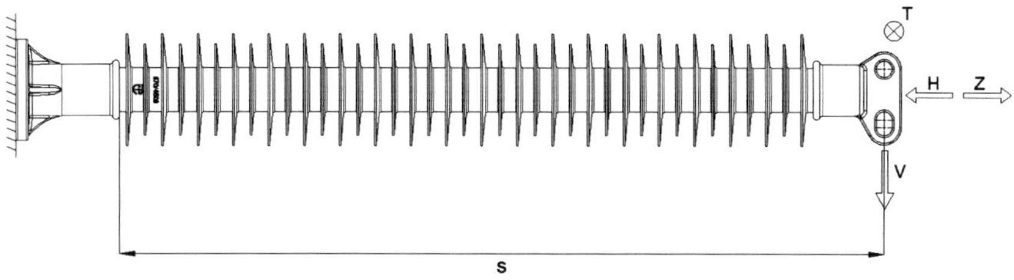

Abb. 3-22 Geometrie und Belastungen des Horizontalstützers [ELECTRA 2002]

nommen. Die gleiche Annahme gilt auch für den Mast an dem der Isolator befestigt ist. Die Lasten werden an einem Punkt an der Spitze des Isolators aufgebracht, welcher auf der Achse des Isolators liegt.

- *V* ist die vertikale Last; sie hat die Richtung der Schwerkraft ist aber nicht notwendigerweise senkrecht zur Isolatorenachse.
- *T* ist die longitudinale Last; sie steht senkrecht sowohl zur vertikalen Kraft wie zur Isolatorenachse.
- *H* bzw. *Z* ist die Querlast: *H* ist eine Druckkraft welche senkrecht zur Mastachse wirkt, *Z* dagegen ist (für den Isolator) eine Zugkraft welche vom Mast weg gerichtet ist.
- σ ist die maximal zulässige (im Sinne keiner Vorschädigung des GFK-Stabes) Zug- oder Druckspannung am Eingang der Fussarmatur, hervorgerufen durch eine beliebige Kombination aller dieser Kräfte und wird mit der Formel $\sigma = M / W$ berechnet. Wie oben erläutert, hängt ihr Wert stark von den Materialeigenschaften des GFK-Stabes, aber auch von der Armierungsmethode und dem Stabdurchmesser ab. In den folgenden Beispielen wurde für einen Stabdurchmesser von D = 63 mm ein Wert von σ = 400 MPa gewählt.
- *E* ist der Elastizitätsmodul vom GFK-Stab. Hier wurde ein Wert von E = 37 GPa verwendet.
- *s* ist der Hebelarm, d.h. der Abstand zwischen der Spitze der leitungsseitigen Armatur des Isolators, d.h. vom Lastangriffspunkt, bis zur Stelle wo der GFK-Stab in der Fussarmatur eintritt. Dieser Hebelarm beträgt für alle folgenden Beispiele s = 1000 mm.

3.6.2 Beispiele

Die folgenden Lastdiagramme wurden sowohl analytisch als auch durch Computerberechnungen ermittelt, wobei die Ergebnisse praktisch identisch sind. Es wurden zwei Fälle untersucht: im ersten Fall lag der Isolator horizontal, im zweiten Fall dagegen bildete er einen Winkel von 15° zur Horizontalen und zwar so, dass die Isolatorenspitze oberhalb der Fußarmatur lag.

3.6.2.1 Horizontale Lage des Isolators

Zunächst wird das Biegemoment an der Fußarmatur durch die untenstehenden Formeln ermittelt. Dabei ist zu beachten, dass diese Formeln nur für kleine Verformungen (d.h. Durchbiegungen von maximal 10% der Isolatorenlänge) gültig sind. Es gilt im Falle einer Druckbelastung:

$$M_{\mathrm{H}} = \sqrt{\frac{(V^2 + T^2)\,EI}{H}} \cdot \tan\left(s \cdot \sqrt{\frac{H}{EI}}\right) \tag{3.2}$$

Und im Falle einer Zugbelastung:

$$M_{\mathrm{Z}} = \sqrt{\frac{(V^2 + T^2)\,EI}{Z}} \cdot \tanh\left(s \cdot \sqrt{\frac{Z}{EI}}\right) \tag{3.3}$$

mit $I = \pi\, D^4 /64$ dem Trägheitsmoment des GFK-Stabes.
Damit kann man die Spannung am GFK-Stab berechnen zu:

$$\sigma = \frac{M_{H/Z}}{W} \tag{3.4}$$

mit:

$$W = \pi \cdot d^3 / 32 \tag{3.5}$$

dem Widerstandmoment des Stabes. Die so gewonnenen Lastdiagramme werden in Abb. 3-23 präsentiert.

3.6.2.2 Isolator bildet einen Winkel von β = 15° zur Horizontalen

In diesem Fall werden die obigen Formeln wie folgt angepasst (gestrichelte Größen sind die Kräfte im globalen Koordinatesystem, ungestrichelte Größen dagegen sind die Kräfte bezogen auf das Koordinatensystem des Isolators

$$\begin{aligned} V &= H' \cdot \sin(\beta) + V' \cdot \cos(\beta) \\ H &= H' \cdot \cos(\beta) + V' \cdot \sin(\beta) \\ Z &= Z' \cdot \cos(\beta) + V' \cdot \sin(\beta) \end{aligned} \tag{3.6}$$

Abb. 3-24 zeigt die so ermittelten Lastdiagramme.

3.6.3 Computersimulation

Für die Computersimulation wurde die kommerziell verfügbare Software ANSYS verwendet. ANSYS ist ein Finite-Elemente-Programm, welches große Verformungen berücksichtigen kann. Es rechnet iterativ, wobei bei jedem Iterationsschritt die äußere Belastung an der verformten Struktur (hier dem Isolator)

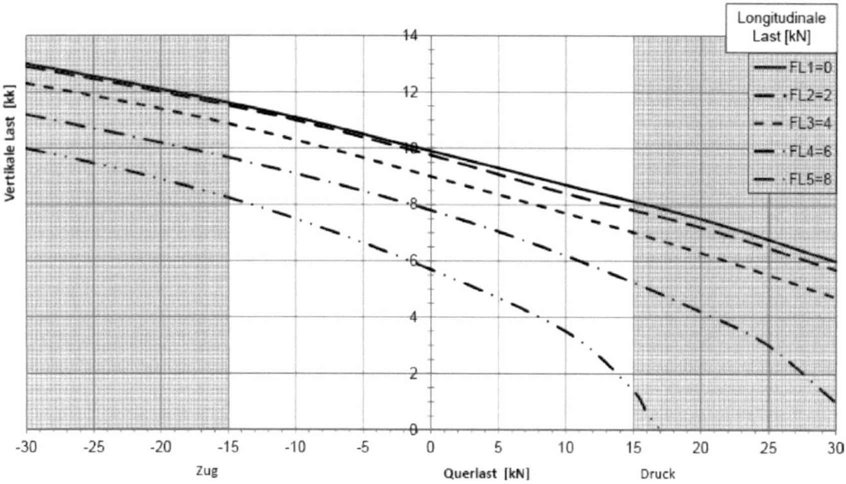

Abb. 3-23 Lastdiagramm für einen Horizontalstützer analytisch ermittelt (s = 1000 mm, D = 63 mm, σ = 400 MPa) [ELECTRA 2002]

(hier am Isolator) angesetzt wird. Ein Vorteil ist, dass das Programm nicht nur die Biegespannungen entlang vom Isolator berechnet sondern auch seine Durchbiegung. Da wie gesagt, es praktisch keinen Unterschied zwischen den Lastdiagrammen mit den analytischen Formeln und den Ergebnissen der Computerberechnung gibt, wird auf der Wiedergabe der Letzteren verzichtet.

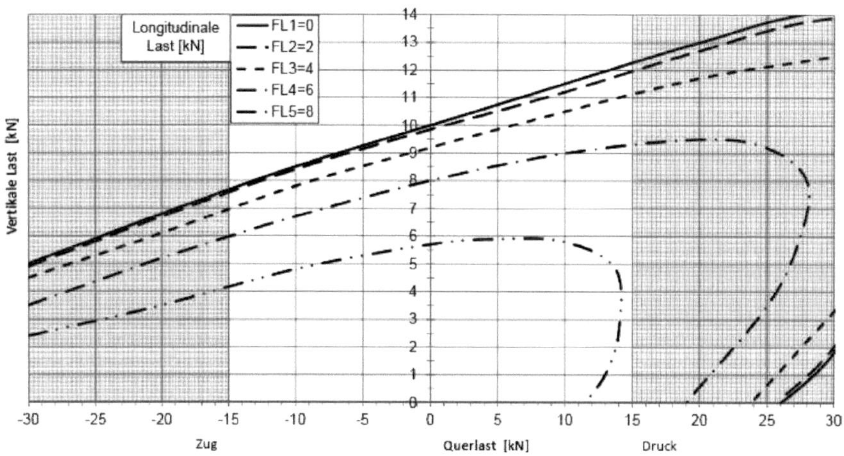

Abb. 3-24 Lastdiagramm für einen Stützer um 15° geneigt analytisch ermittelt (s = 1000 mm, D = 63 mm, σ = 400 MPa) [ELECTRA 2002]

3.6.4 Versuche

Die obigen Berechnungen wurden durch Laborversuche bestätigt. Da die Messung der maximalen Zug- oder Druckspannungen am GFK-Stab schwierig ist – diese Spannungen treten am Eingang der Fussarmatur auf, wo es nicht ganz einfach ist Dehnungsmessstreifen zu deren Messung anzubringen – wurde die bei der Computersimulation berechnete maximale Durchbiegung des Isolators als Vergleichsparameter verwendet.

Für jeweils vier longitudinale Lasten *T* wurden vier kombinierte Lasten aus *V*, *H* oder *Z* aufgebracht, womit insgesamt 16 Lastfälle geprüft wurden. Die Kräfte wurden so gewählt, dass deren Resultierende rechnerisch eine maximale Spannung von $\sigma = 320$ MPa hervorrief, was etwas tiefer als die im Abschnitt 3.3.2 ermittelte Schadensgrenze liegt.

Der Mittelwert zwischen gemessenen und berechneten Durchbiegung lag bei 4.1% mit einem Höchstwert von 15% und einer Standardabweichung on 4.7%, alles in allem eine recht gute Übereinstimmung [ELECTRA 2002].

3.7 Dynamische Belastungen

Verbundstützisolatoren werden, wie andere Isolatorentypen, neben den statischen Belastungen (primär durch Seileigengewicht und Wind), auch durch dynamische Belastungen beansprucht, wie z.B. windangeregte Schwingungen und Eisabwurf. Solche dynamische Belastungen könnten Materialermüdung hervorrufen, auch dann, wenn die durch sie erzeugten Beanspruchungen unterhalb der oben eingeführten (statischen) Schadensgrenze bleiben, was wiederum einen rein statischen Versuch zur Bestimmung der Schadensgrenze (Abschnitt 3.3.2) in Frage stellen würde. Aus diesem Grund hat die damalige CIGRE Arbeitsgruppe WG 22-03 beschlossen, das Verhalten von Verbundstützern auch unter dynamischen Belastungen zu untersuchen [ELECTRA 2000]. Darüber wird im Folgenden berichtet.

3.7.1 Prüflinge

Die Versuche wurden an zwei verschiedenen Isolatorentypen durchgeführt, welche ähnlich waren mit den Isolatoren, die für die statischen Prüfungen (Abschnitt 3.3.2.1) verwendet wurden. Der eine Typ besass keine Beschirmung um eine Sichtkontrolle der Staboberfläche während der dynamischen Versuche zu erleichtern. Diese Isolatoren hatten einen Stabdurchmesser von 63 mm, verpresste Fussarmaturen und eine Biegelänge von 1.2 m. Die Isolatoren vom zweiten Typ dagegen waren komplett mit Beschirmung. Auch sie besassen einen 63 mm GFK-Stab mit Pressarmaturen, waren aber mit 1.4 m etwas länger.

3.7.2 Prüfverfahren

Die Prüflinge wurden so montiert und belastet wie dies deren Einsatz im Betrieb entspricht. Bei der Prüfung wurde zunächst eine statische Last aufgebracht und dieser anschliessend eine dynamische Last wie in Abb. 3.25 gezeigt überlagert. Die Spitzenlast (statisch + dynamisch) wurde so gewählt, dass die dadurch errechnete Spannung unterhalb der statischen Schadensgrenze des Stabes blieb (im Abschnitt 3.3.2.1 wurde diese Schadensgrenze mit etwa 400 MPa beziffert). Ein Lastzyklus dauerte ca. 9 s, wodurch die als nötig erachteten 10^6 Lastzyklen ca. vier Monate dauerten.

Die Lastamplituden wurden so gewählt, dass diese den echten Belastungen im Betrieb entsprachen und zwar für typische 45 kV bis 138 kV Leitungen, bei denen solche Stützer primär zum Einsatz kommen. Konkret lagen die statischen Lasten zwischen 25 kN und 80 kN und die dynamischen Lasten zwischen 6

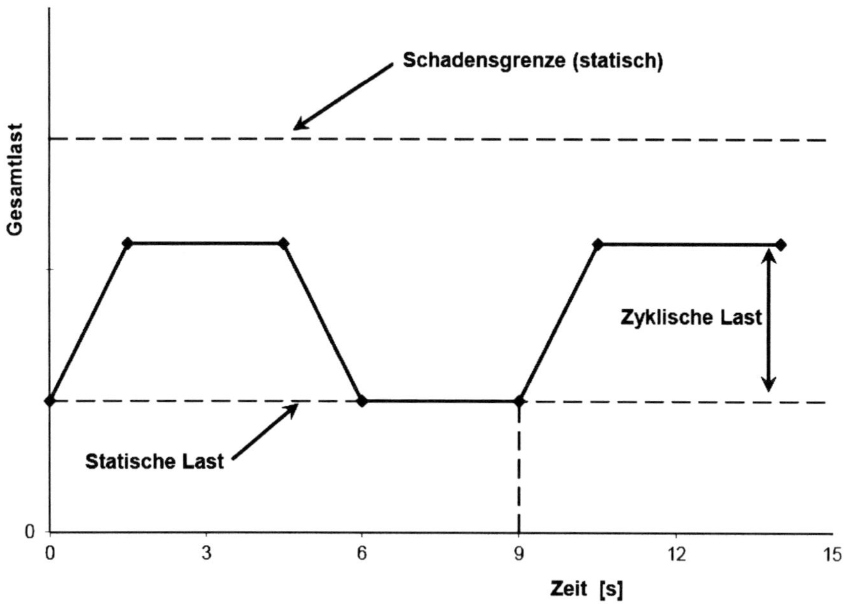

Abb. 3-25 Lastzyklus für die dynamischen Versuche [ELECTRA 2000]

kN bis 60 kN (Spitze-Spitze). Die Umgebungstemperatur wurde während der Prüfung zwischen 18 °C und 28 °C eingestellt. In den meisten Fällen wurden zwei Isolatoren pro Lastniveau geprüft. Am Ende der Versuche wurden die Isolatoren wie in Abschnitt 3.3.2.1 beschrieben auf das Vorhandensein von Schäden (Delamination, d.h. Trennung der Glasfaser von der Harzmatrix, Risse oder beides) untersucht.

3.7.3 Versuchsergebnisse

Die Versuchsergebnisse können wie folgt zusammengefasst werden:

- Es wurden keinerlei Schäden festgestellt bei Spitzenspannungen im Stab bis zu 270 MPa (entsprechend einer Biegelast von 37 kN statisch und 18.5 kN dynamisch).
- Schäden wurden traten erst bei Spitzenspannungen im Stab oberhalb von 390 MPa – entsprechend einer Biegelast von 80 kN statisch und 18.5 kN dynamisch – auf.
- Zusätzliche Prüfungen könnten vom Nutzen sein um das Verhalten dieser Isolatoren im Bereich zwischen 300 to 400 MPa zu beleuchten.

Zusammenfassend ist festzustellen, dass ausser für ganz spezielle Belastungen, bei denen z.B. die dynamische Last 30% der statischen Last übersteigt, es nicht erforderlich ist, einen neuen Versuch vorzuschreiben, um speziell das dynamische Biegeverhalten von Verbundstützisolatoren zu untersuchen. Der im Abschnitt 3.3.2.2 eingeführte Versuch basierend auf das MDCL-Konzept sollte ausreichen um sowohl statische wie auch dynamische Lastfälle abzudecken.

3.8 Konstruktive Anforderungen der Endarmaturen

Die konstruktive Auslegung der Endarmaturen für Verbundstützer, so dass letztere ihre maximale Biege-„Fähigkeit“ unter Beweis stellen können, ist eine komplizierte Angelegenheit, denn dabei müssen alle Faktoren, d.h. Endarmaturentyp, Montagevorgang, involvierte Materialien, Dimensionierung des Isolators und der Befestigungskonstruktion, „zusammenspielen“, damit die vorgeschriebenen Versuche bestanden werden aber auch damit der Isolator den gewünschten langjährigen, störungsfreien Betrieb „erlebt“.

Bei den hier betrachteten Verbundstützern kommt der konstruktiven Auslegung der Endarmaturen und da insb. der Fussarmatur eine grosse Bedeutung zu, machen diese doch, da sie grösser und somit materialintensiver als z.B. die Endarmaturen für Langstabisolatoren sind, einen wesentlichen Anteil der Gesamtkosten dieser Isolatoren aus. Aber auch die Vorbereitungen zur Montage des GFK-Stabes und der Endarmaturen, wie die Montage selbst, sind für eine kostenoptimale Auslegung des Isolators von Bedeutung. Aus diesem Grund wundert es nicht, wenn die entsprechenden Erfahrungen, welche fast in allen Fällen durch ein zeit- und kostenaufwendiges „trial and error“- Verfahren gewonnen wurden, von den Isolatorenherstellern als ein wichtiges Betriebsgeheimnis betrachtet und somit nicht offen gelegt werden. Trotzdem wird versucht im Folgenden einige Grundsätze der konstruktiven Auslegung dieser Endarmaturen und insb. der Fussarmaturen, d.h. der Armaturen über die der Stützisolator an seiner tragenden Konstruktion befestigt wird, zusammenzufassen.

Die kritischen Stellen welche bei der konstruktiven Auslegung so einer Armatur besondere Beachtung geschenkt werden muss, so dass der Isolator letztendlich die erforderliche maximale Betriebslast sowie die notwendige Bruchlast nach Abschnitt 3.3.2.3 erreichen kann, sind:

- Einbaulänge des GFK-Stabes in der Endarmatur
- Stärke der Armaturwand
- Bearbeitungsvorgaben der Armaturinnenfläche
- Vorbereitung des GFK-Stabes
- Montage der Armatur auf den GFK-Stab
- Kontur der Armaturenöffnung
- Steifigkeit des Isolatorennschlusses an den Mast.

Voraussetzung ist, dass die Materialeigenschaften von GFK-Stab und Metallarmatur den hierfür notwendigen Dimensionierungsanforderungen genügen.

Generell ist man aus Kostenüberlegungen bestrebt, die Einbaulänge des GFK-Stabs in die Endarmatur auf ein Minimum zu reduzieren. Typische Werte für das Verhältnis Einbaulänge zu Stabdurchmesser liegen zwischen 1.0 und 2.0, wobei dieses Verhältnis von der Art und der Qualität der Montagemethode der Armatur auf den GFK-Stab stark abhängt.

Heutzutage werden die Endarmaturen auf den GFK-Stab fast immer verpresst, wobei die radiale Verpressung am meisten angewendet wird und zwar entweder durch Mehrfachpresswerkzeuge oder –seltener- durch das Aufziehen (engl. *swaging*). Das Vergiessen hat, wie beim Langstabisolator, auch hier an Bedeutung verloren.

Grundsätzlich benötigen grössere GFK-Stäbe, z.B. ab 63 mm Durchmesser, keine Oberflächenbearbeitung vor der Montage, im Gegensatz zu den dünnerer Stäben, wie diese bei Mittelspannungsstützern Verwendung finden, welche oft aufgeraut werden müssen.

Was die Metallarmatur betrifft, so gibt es im Wesentlichen drei kritische Stellen bei deren konstruktiven Auslegung. Das sind die Wandstärke der Armatur, die Verpressungslänge – diese hängt wiederum von der Methode der Bearbeitung der Oberfläche des GFK-Stabes ab – und die Kontur der Armaturenöffnung (Armaturenhals), welche so ausgelegt werde muss, dass Spannungsspitzen und zwar quer zur Faserrichtung – da besonders empfindlich – vermieden werden. Ein gutes Design einer Armatur sollte somit eine Optimierung der in Abb. 3-26 angegebenen Geometriegrössen berücksichtigen.

3.9 Analytische Berechnungsmethoden

Es wurde schon mehrfach darauf hingewiesen, dass die mechanische Auslegung von Verbundstützern sich eher schwierig gestaltet. Das hat primär zwei Gründe: Zum einen stört die Belastung von Verbundstützern – im Gegensatz zu den Verbundlangstäben – die Rotationssymmetrie der Anordnung und zum anderen ist das "Zusammenarbeiten" von zwei von ihren Materialeigenschaften her so unterschiedlichen Materialien wie die metallischen Endarmaturen (isotrop) einerseits und der GFK-Stab (orthotrop) andererseits alles anderes als einfach und intuitiv überschaubar.

Wie im Falle der Langstäbe haben sich die Berechnungsmethoden auch für die Verbundstützer im Laufe der Zeit und mit zunehmender Erfahrung entwickelt, so dass auch für diesen Isolatorentyp zwischen analytischen Methoden von unterschiedlicher Komplexität und numerischen Simulationsmethoden unterschieden wird. Letztere kommen erst dann zum Tragen, wenn spezielle, nicht alltägliche Aufgabenstellungen, wie z.B. Stäbe mit sehr grossen Durchmessern (>100 mm) bzw. extrem hohe Biegebelastungen, vorliegen.

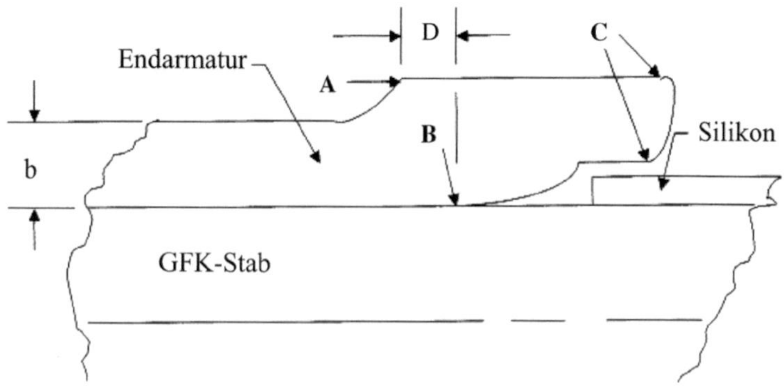

Abb. 3-26 Kritische Bereiche der Stützerarmatur

3.9.1 Einfache analytische Methode

Die einfache analytische Methode von Verbundstützern basiert auf der klassischen Balkenbiegung und wurde schon kurz oben präsentiert. Im Wesentlichen kann man damit die nominalen Biegespannungen im GFK-Stab berechnen. Ergänzend kann man mit dieser Methode die maximale Durchbiegung des Isolators am Lastangriffspunkt berechnen, da bei einigen Anwendungen von Verbundstützern, wie z.B. bei Fahrleitungstragwerken, diese Durchbiegung – und nicht etwa die zulässige Biegespannung – die Bemessungsgrundlage darstellt. So wird z.B. oft die zulässige Durchbiegung von den Bahnisolatoren auf 1% der Isolatorenlänge beschränkt.

Für die maximale Durchbiegung f eines Stützers mit der Länge l, dem Stabdurchmesser D, dem E-Modul E, welcher` mit der Kraft F_b belastet wird, gilt für kleine Verformungen mit guter Annäherung:

$$f = \frac{F_\mathrm{b} \cdot l^3}{3 \cdot E \cdot I} \tag{3.7}$$

Dabei gilt für das Trägheitsmoment I des Stabquerschnitts:

$$I = \frac{\pi \cdot D^4}{64} \tag{3.8}$$

Daraus ergibt sich der erforderliche Mindestdurchmesser D_{min} bei einer vorgegebenen maximalen Durchbiegung $f_{\max}$ zu:

$$D_\mathrm{min} = \sqrt[4]{\frac{64 \cdot F_\mathrm{b} \cdot l^3}{3 \cdot \pi \cdot E \cdot f_\mathrm{max}}} \tag{3.9}$$

Verbundwerkstoffe sind eher schwach auf Torsionsbelastungen (Schubspannung beim Versagen $\tau_{\max}$ = 50 N/mm², Schubmodul G = 5000 N/nm²). Aus diesem Grund ist es manchmal erforderlich deren Torsionsfestigkeit wie auch den maximal zulässigen Drehwinkel ϕ zu bestimmen. Letzterer ist von Bedeutung z.B. für Verbundisolatoren, welche als Stützer für Drehtrennschalter eingesetzt werden.

Diese Berechnung läuft wie folgt ab:

$$W_\mathrm{p} = \frac{\pi}{16} \cdot D^3 \tag{3.10}$$

$$I_\mathrm{p} = \frac{W_\mathrm{p} \cdot D}{2} \tag{3.11}$$

$$\tau_t = \frac{M_t}{W_p} \quad (3.12)$$

$$\varphi = \frac{M_t \cdot l}{G \cdot I_p} \quad (3.13) \qquad \text{in rad bzw.} \quad \varphi = \frac{M_t \cdot l}{G \cdot I_p} \cdot \frac{180}{\pi} \quad \text{in Grad} \quad (3.14)$$

Dabei sind M_t das Torsionsmoment, l die Länge des Stützers und I_p bzw. W_p das polare Trägheitsmoment bzw. das polare Widerstandsmoment vom Stützerquerschnitt (Durchmesser D).

3.9.2 Fortgeschrittene analytische Methode

Eine ähnliche Methode ist schon in Kapitel 2 für Verbundlangstäbe unter reiner Zugspannung vorgestellt worden. Eine ähnliche Methode für Verbundstützer unter Biegebelastung wird nun im Folgenden hergeleitet [Prenlelpoup 2008]. Wie im Falle der Langstäbe konnten auch hier einige wichtige Ansätze für das analytische Modell aus den Erkenntnissen der numerischen Simulation (s. Abschn. 3.10) gewonnen und verwendet werden.

Die Biegebelastung an der Isolatorenspitze beeinflusst die Kontaktsituation an der Grenzfläche zwischen Metallarmatur und GFK-Stab, da sie dort eine ungleichförmige Pressung hervorruft. Aus diesem Grund wird für das hier präsentierte analytische Modell der Isolator als ein Balken unter „Drei-Punkt-Biegung" betrachtet. Zwei „Punkte" sind die Auflager in der Metallarmatur, der dritte „Punkt" ist die Isolatorenspitze, wo der Lastangriff stattfindet (Abb. 3-27).

Es wird angenommen, dass in einer ersten Näherung die Druckverteilung an der Grenzfläche GFK-Stab-Metallarmatur über die Länge der Verpressung, d.h. dort wo der Stab sich innerhalb der Armatur befindet, linear ist (Abb. 3-28).

Aus den statischen Gleichgewichtsbedingungen, d.h. Summe der Kräfte und Summe der Momente gleich Null und nach den üblichen Umrechnungen ergeben sich die Amplituden p_1 und p_2 der dreieckigen Streckenlasten zu:

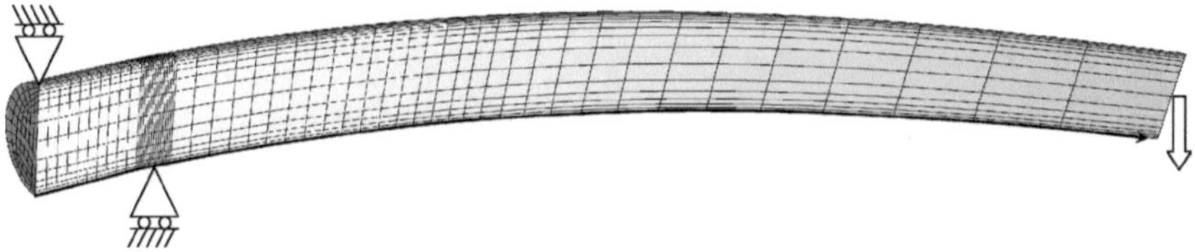

Abb. 3-27 Drei-Punkt-Biegung eines Verbundisolators [Prenleloup 2008]

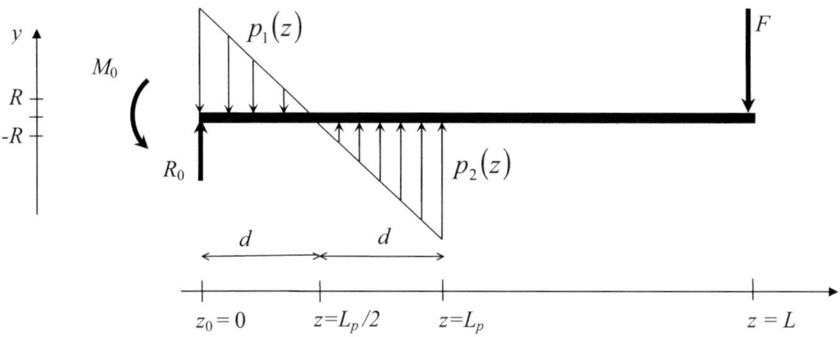

Abb. 3-28 Statisches System und Belastung [Prenleloup 2008]

$$p_1 = F \cdot \frac{3 \cdot L - 5 \cdot d}{2 \cdot d^2} \quad (3.15) \quad \text{und} \quad p_2 = F \cdot \frac{6 \cdot L - 2 \cdot d}{4 \cdot d^2} \quad (3.16)$$

Damit bekommt man für die Dreieckslasten:

$$p_1(z) = -\frac{p_1}{d} z + p_1 \quad (3.17) \quad \text{und} \quad p_2(z) = \frac{p_2}{d} z - p_2 \quad (3.18)$$

womit das Biegemoment und die Querkraft des GFK-Stabes in der Armatur, d. h im Bereich von $z=0$ bis $z=L_p$ als auch in der „freien" Länge des GFK-Stabes berechnet werden, was allerdings, da dort die Materialbeanspruchung gering ist, nicht von besonderem Interesse ist.

3.9.2.1 Radiale Druckspannung an der Öffnung der Metallarmatur

Die Streckenlast $p_2(z)$ führt zu einer radial wirkenden Druckspannung $\sigma_{rr}(z)$, welche ihren maximalen Wert auf der Staboberfläche hat und zwar an der Stelle wo der Stab letztmalig die Endarmatur berührt (engl. LPC = *last point of contact*). Zur Vereinfachung wird eine gleichmässige Druckverteilung über den Stabumfang angenommen, was zur folgenden Formel für die radiale Druckspannung führt (*2R* ist die projizierte Kontaktfläche pro Längeneinheit):

$$\sigma_{rr}(z) = \frac{p_2(z)}{2 \cdot R} \quad (3.19)$$

Deren Spitzenwert liegt bei $z = L_p$ und beträgt:

$$\sigma_{\mathrm{rr,max}} = \frac{F \cdot (6 \cdot L - L_\mathrm{p})}{2 \cdot L_\mathrm{p}^2 \cdot R} \quad (3.20)$$

3.9.2.2 Axialspannung im GFK-Stab innerhalb der Metallarmatur

Diese Spannung wird durch das Biegemoment $M(z)$ hervorgerufen und nach der klassischen Bernoulli-Euler Balkenbiegung berechnet:

$$\sigma_{zz}(z,y) = \frac{M(z)\cdot y}{I} \tag{3.21}$$

Deren Wert variiert nicht nur entlang des Stabes (z-Koordinate), sondern auch über den Stabquerschnitt (y-Koordinate). Sie erreicht ihren Spitzenwert an der Staboberfläche (d.h. an der Grenzfläche mit der Armatur und zwar an deren letztem Berührungspunkt), wobei die Axialspannungen am gedrückten Teil des Querschnitts („unten") am gefährlichsten für den GFK-Stab sind, da seine Druckfestigkeit in axialer Richtung um einiges kleiner ist als seine entsprechende Zugfestigkeit. Dieser Spitzenwert beträgt:

$$\sigma_{zz,\max} = \sigma_{zz}(z = L_{\mathrm{p}}, y = -R) = \frac{4\cdot F}{\pi\cdot R^3}\left(L - L_{\mathrm{p}}\right) \tag{3.22}$$

Zu dieser Spannung müssen die aus der Radial- und der Umfangspannung über den Poisson-Effekt hervorgerufenen Axialspannungen dazu gerechnet werden:

$$\sigma_{\max}(z) = \frac{4\cdot F}{\pi\cdot R^3}\left(L - L_p\right) - \nu_{LT}\left[\sigma_{rr}(z) + \sigma_{\vartheta\vartheta}(z)\right] \tag{3.23}$$

Da im Stab $\sigma_{rr}(z) = \sigma_{\vartheta\vartheta}(z)$ (s. a. Abschnitt 2.4.6) ist, bekommt man durch Einsetzen die maximale Axialspannung im GFK-Stab σ_{max}:

$$\sigma_{\max} = \frac{4\cdot F}{\pi\cdot R^3}\left(L - L_p\right) - 2\cdot\nu_{LT}\frac{F\cdot\left(6\cdot L - L_p\right)}{2\cdot L_p^2\cdot R} \tag{3.24}$$

3.9.2.3 Schubspannung in der neutralen Achse des Stabes

Diese wichtige Spannung wird durch die Querkraft im Stab erzeugt. Sie beträgt:

$$\tau_{\max}(z,y) = \frac{4\cdot Q(z)}{3\cdot\pi\cdot R^2}\cdot\left[1 - \left(\frac{y}{R}\right)^2\right] \tag{3.25}$$

Sie wirkt nicht nur in der Querschnittsebene des Stabes, sondern, durch die bekannte Symmetrie der Schubspannung in zwei sich senkrecht zueinander stehenden Richtungen, auch in der Ebene senkrecht zum Stabquerschnitt, welche die neutrale Ebene des Stabes beinhaltet. Und wie man aus obiger Gleichung erkennt, tritt ihr maximaler Wert eben nicht an der Grenzfläche zwischen Stab und Armatur (y=R, dort verschwindet sie), sondern genau in der neutralen Achse des Stabes (y=0):

$$\tau_{\max}(z, y = 0) = \frac{4 \cdot Q(z)}{3 \cdot \pi \cdot R^2} \quad (3.26)$$

Dieser Ausdruck variiert noch in z-Richtung und erreicht seinen Spitzenwert genau in der Mitte der eingeklemmten Länge des Stabes in der Armatur, d.h. bei $z= L_p/2$:

$$\tau_{\max}(z = L_p/2, y = 0) = \frac{F}{3 \cdot \pi \cdot R^2} \cdot \left[\frac{6 \cdot L}{L_p} - 5\right] \quad (3.27)$$

Mit den obigen Formeln können die Spannungen $\sigma_{rr,\max}$, $\sigma_{\max}$ und $\tau_{\max}$, welche primär für die Beanspruchung des GFK-Stabes massgeblich sind, analytisch berechnet und die mit den aus der numerischen Simulation ermittelten Werte (Abschnitt 3.10) verglichen werden. Dieser Vergleich wird für zwei typische Stabdurchmesser (51 mm und 63 mm) mit 15 kN bzw. 20 kN belastet in Abb. 3-29 gezeigt.

Wird in der Gleichung für σ_{max} diese durch σ_{Druck}, d.h. durch die Versagensspannung (Druck) des GFK-Materials, ersetzt und wird dann nach F aufgelöst,

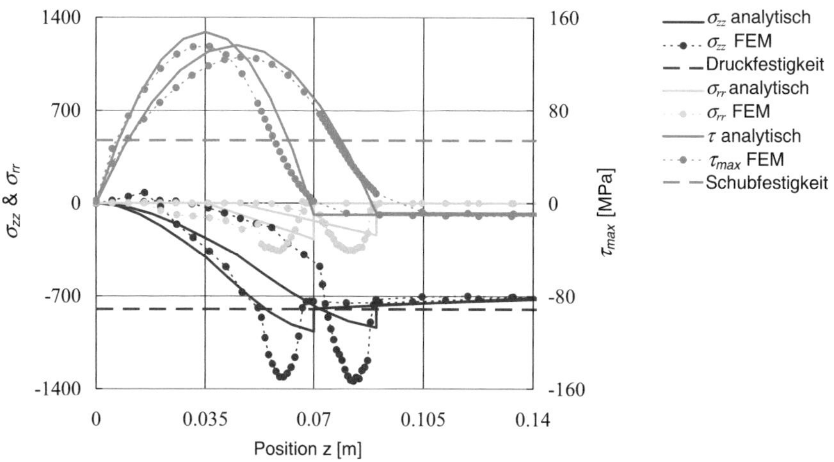

Abb. 3-29 Normalspannungen σ_{zz} und σ_{rr} an der äussersten Druckfaser des GFK-Stabes und Schubspannung τ_{max} in der Stabachse für 51 mm und 63 mm dicke Stäbe: Vergleich analytisch-FEM bei einer äusseren Belastung von 15 kN bzw. 20 kN [Prenleloup 2008]

so bekommt man für die Biegebruchlast F_{max} eines Verbundstützers (ohne Berücksichtigung des Poisson-Effekts):

$$F_{max} = \frac{\pi \cdot R^3 \left|\sigma_{Druck}\right|}{4 \cdot \left(L - L_p\right)} \tag{3.28}$$

Mit L=760 mm bzw. 1030 mm, L_p=70 mm bzw. 90 mm, R=25.5 mm resp. 31.7 mm und σ_{Druck}= -794MPa (Tab. 2.2), erhält man F_{max}= 15 kN bzw. 20.7 kN für die beiden hier untersuchten Isolatoren von 51 mm und 63 mm Durchmesser. Diese Werte stimmen gut mit den experimentell ermittelten Werten (Abschn. 3.10.2) von 15.6 kN und 21.7 kN überein.

3.10 Numerische Simulation

Im Gegensatz zu den untersuchten Langstabisolatoren, welche verglichen zu ihrer Länge (bis zu 6 m und mehr) einen kleinen Durchmesser besitzen (16 mm bis 31 mm), sind die Grössenverhältnisse bei den Verbundstützern genau umgekehrt: bei nicht übermässigen Längen (max. 2 m bis 3 m), besitzen diese relativ grosse Querschnitte (manchmal bis zu 150 mm Durchmesser). Das hat zur Folge, dass bei den Verbundstützern verhältnismässig kleine Drücke für die Verpressung angewendet werden, die den Stab garantiert nicht überbeanspruchen, womit der Verpressungsvorgang, wieder im Gegensatz zu den Langstäben, keinen kritischen Lastfall für den Isolator darstellt. Deswegen beschränkt sich im Folgenden die numerische Simulation auf die Untersuchung des inneren Spannungszustandes im GFK-Stab des Isolators während der Biegephase [Prenleloup et al. 2009].

Numerische Modelle für mechanische Untersuchungen von Verbundisolatoren basieren vorzugsweise auf der Finite-Elemente-Methode (FEM), deren Grundlagen als hinreichend bekannt angenommen sind und hier nicht wiederholt werden. Es wird im Folgenden lediglich auf einige Besonderheiten der FEM hingewiesen, wie diese bei Verbundisolatoren unter Biegebelastung eingesetzt wird.

3.10.1 Finite Elemente Modell

Das FEM-Modell ist aus 3D hexaedralen Elementen mit je 20 Knoten aufgebaut. Wegen der Symmetrie wurde nur die Hälfte der Struktur modelliert. Das FEM-Netz besteht aus 4915 Elementen für die Metallarmatur und aus 6912 Elementen für den (halben) GFK-Stab. Wie in Abb. 3-30 gezeigt, ist

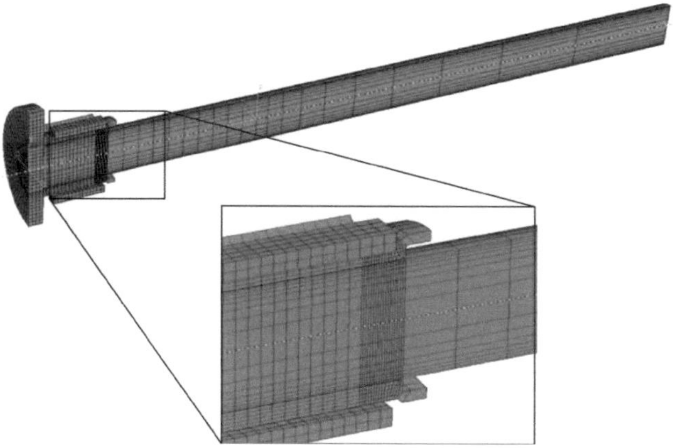

Abb. 3-30 Finite Elemente Modell für den 63 mm Isolator mit Detaildarstellung [Prenleloup et al. 2009]

das Netz im Stab in der Endzone der Armatur verdichtet, da in dieser Zone Spannungskonzentrationen zu erwarten sind.

Wie bei den Langstäben, Kapitel 2, muss auch hier die Güte des FEM-Modells durch passende Experimente überprüft werden, und zwar durch Vergleich der berechneten mit den experimentell ermittelten Spannungen (Dehnungen), des Kraft-Weg Verlaufs, sowie des Verhaltens der Struktur beim Versagen. Für Letztere ist es von Vorteil den Versagensmechanismus eines Verbundisolators unter Biegebelastung im Detail phänomenologisch zu beschreiben (Abschnitt 3.11).

3.10.2 Versuchsanordnung

Der Isolator wird bei diesen Versuchen in einem speziell dafür entwickelten Prüfrahmen eingespannt. Der Prüfling wird zum besseren Zugang und für eine ungehinderte Beobachtung der Staboberfläche während des Biegevorganges ohne die Silikonbeschirmung hergestellt. Der Prüfrahmen besitzt einen Hydraulikzylinder mit einer Kraftmessdose. Die Instrumentierung besteht aus einem induktiv-differentiellen Weggeber (LVDT), sechs Dehnungsmessstreifen (DMS), welche auf dem Stab und die Fussarmatur appliziert werden, sowie ein sechskanaliges Messsystem zur Erfassung von akustischen Emissionen, was zum besseren Verständnis des Schadensvorgangs mit zunehmender Biegebelastung dienen soll (Abb. 3-31).

Die Positionierung der DMS auf dem 51 mm Stab erkennt man aus Abb. 3-32.

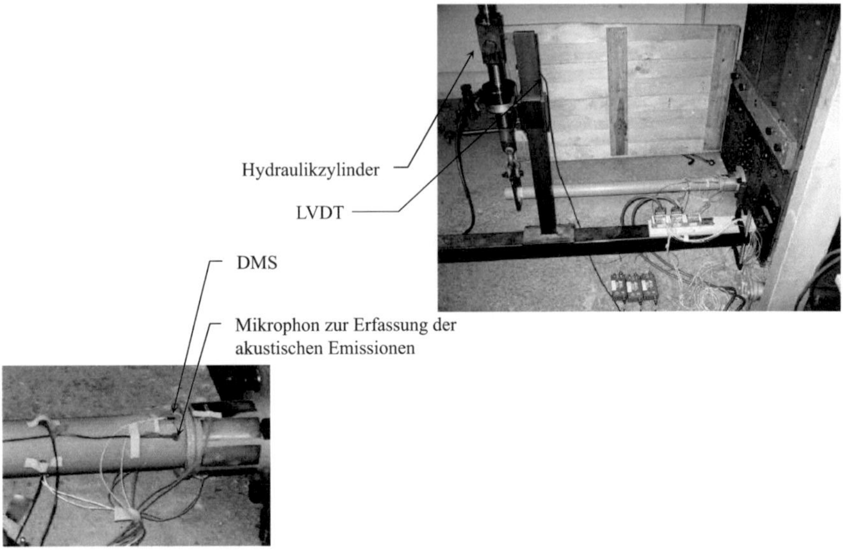

Abb. 3-31 Experimentelle Anordnung [Prenleloup et al. 2009]

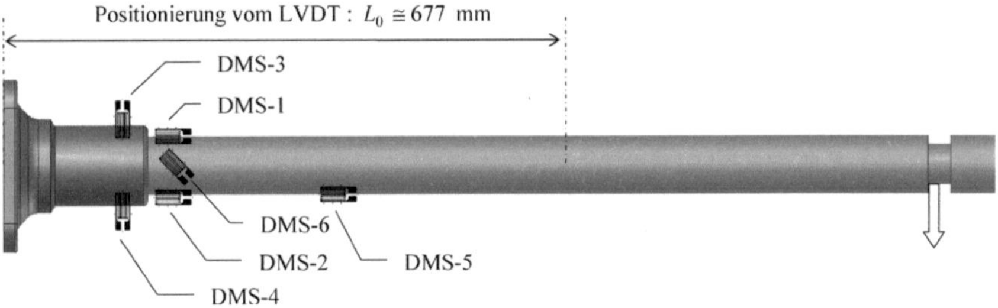

Abb. 3-32 Positionierung der DMS und des induktiven Weggebers bei den Biegeversuchen [Prenleloup et al. 2009]

Der Vergleich zwischen den berechneten und gemessenen Dehnungen wird in Abb. 3-33 gezeigt. Man stellt eine sehr gute Übereinstimmung zwischen Berechnung und Versuch für die DMS am freien Stab und eine zufriedenstellende Übereinstimmung für die DMS auf der Metallarmatur (DMS No.3) fest.

Der zweite Ansatz um die Qualität der FEM-Simulation zu überprüfen, ist der Vergleich zwischen Messung (*exp*) und Rechnung (*num*) des Kraft-Weg Verlaufs. So ein Vergleich wird in Abb. 3-34 für je einen 51 mm und einen 63 mm Isolator gezeigt.

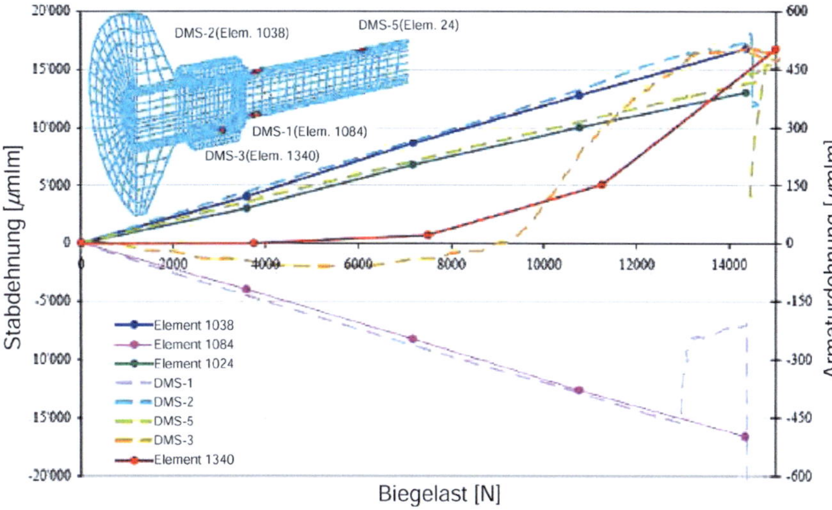

Abb. 3-33 Vergleich der gemessenen mit den berechneten (FEM) Dehnungen [Prenleloup et al. 2009]

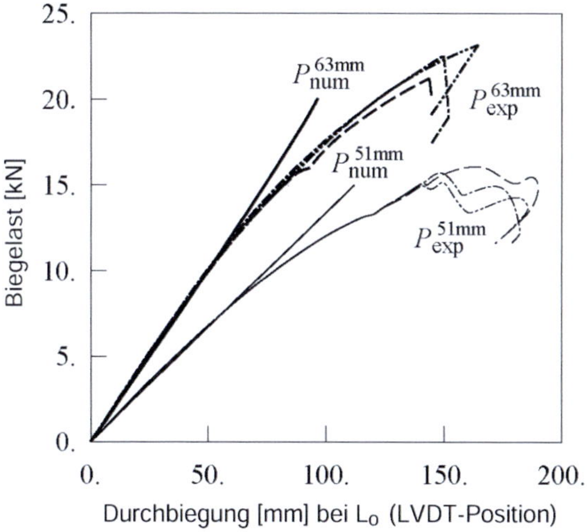

Abb. 3-34 Vergleich der gemessenen mit der berechneten (FEM) Durchbiegung [Prenleloup et al. 2009]

Es gibt eine sehr gute Übereinstimmung bis zu der Stelle bei welcher die Nichtlinearität des Kurvenverlaufes beginnt. Genau dort beginnt nämlich auch das Versagen des Stabes, was im nächsten Abschnitt ausführlich behandelt wird.

3.11 Das Versagensverhalten von Verbundstützisolatoren

Das Versagensverhalten vom GFK-Material des Isolatorenkerns wurde in [Prenleloup 2008] ausführlich behandelt. In diesem Abschnitt wird dagegen das Versagensverhalten von einem kompletten Stützisolator untersucht. Dabei werden nicht nur die verschiedenen Versagensmechanismen beschrieben, welche der Isolator während einer Biegebelastung erfährt, sondern diese werden auch in einer numerischen Simulation quantifiziert und mit den experimentell gewonnenen Erkenntnissen verglichen.

Bei der Untersuchung des Versagensverhaltens eines Isolators bietet es sich an diesen bis zum Versagen zu belasten und dann die Metallarmatur hälftig aufzuschneiden, um nicht nur die Staboberfläche sondern auch das innere Schadensbild gut beobachten zu können (Abb. 3-35).

Die Grossaufnahme in Abb. 3-36 zeigt die verschiedenen Bruchzonen des 51 mm Isolators. Dieses Schadensbild ist typisch für Isolatoren mit kleinen bis mittleren Durchmessern.

Die erste Schadenszone (Zone 1 in Abb. 3-36) ist nicht von besonderem Interesse, da sie erst nach dem eigentlichen Versagen des Isolators entsteht: während des Biegevorganges werden nämlich die oberen Fasern des GFK-Stabes gedehnt und rutschen etwas aus der Metallarmatur heraus. Nach dem

Abb. 3-35 Schadensbild eines 51 mm Isolators [Prenleloup 2008]

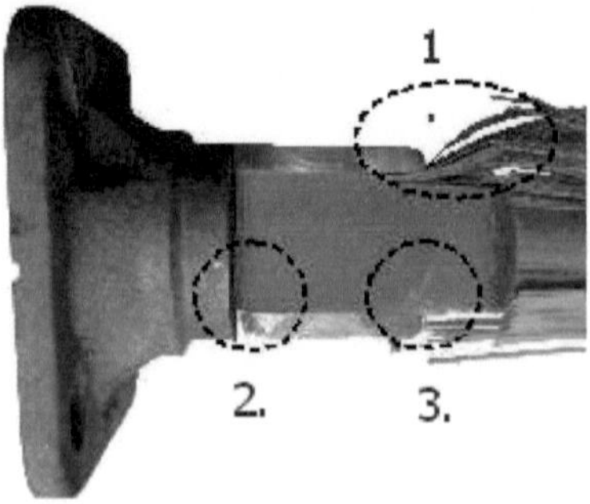

Abb. 3-36 Schadenszonen eines 51 mm Isolators [Prenleloup 2008]

1. Faserbruch nach der Entlastung
2. Ausbreitung von Querrissen
3. Lokale Druckbeanspruchung, Mikroknicken

Versagen des Isolators und wenn dieser wieder entlastet wird, können diese Faser wegen der an dieser Stelle herrschenden Reibung nicht in ihrer ursprünglichen Position zurückfinden und knicken aus.

Die zweite Schadenszone (Zone 2 in Abb. 3-36) ist etwas weniger ausgeprägt und besteht aus einigen axialen Rissen welche bis zum abgeschnittenen Stabende im Boden der Metallarmatur reichen. Diese Risse werden durch Normalspannungen quer zu den Fasern hervorgerufen welche zum Versagen der Harzmatrix führen. Diese Zone liegt an einer Stelle, welche für die Funktionstüchtigkeit des Isolators keine Rolle spielt.

Die dritte Schadenszone (Zone 3 in Abb. 3-36) ist von besonderer Bedeutung, da der Schadensverlauf des Isolators genau dort beginnt. Mikroskopische Untersuchungen (Abb. 3-37) zeigen im Stab kurz von dem Austritt aus der Metallarmatur einen starken Riss, welcher sich durch Glasfasern und Harzmatrix durchgeschnitten hat, sowie massives Mikroknicken der Glasfaser im GFK-Material.

Abb. 3-38 zeigt die Entwicklung der Schädigung in der Zone 2 mit zunehmender Biegebelastung:

Daraus wird ersichtlich, dass schon bei Belastungen unterhalb der Bruchlast von 15.6 kN irreversible Schäden im GFK-Stab stattfinden, welche von aussen nicht ersichtlich sind. Das führt dazu, dass schon bei einer Last von 11.3 kN (70% von 15.6 kN) der Isolator nach der Entlastung nicht ganz auf seine ursprüngliche Position vor der Belastung zurückkehrt (Bild links in Abb. 3-38).

Für Isolatoren mit grösseren Querschnitten (typisch ab 63 mm Durchmesser) wird ein weiteres wichtiges Schadensmuster beobachtet (Abb. 3-39).

Dieses Schadensbild (mit 2 in Abb. 3-39 markiert), wird durch die schon im obigen Abschnitt über die analytischen Berechnungen aufgefallene Schubkraft

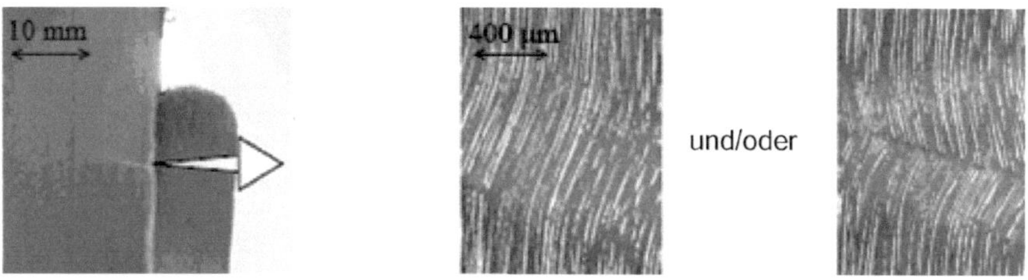

Abb. 3-37 Grossaufnahmen vom Mikroknicken der Fasern im GFK-Stab eines 51 mm Isolators (Zone 3) [Prenleloup 2008]

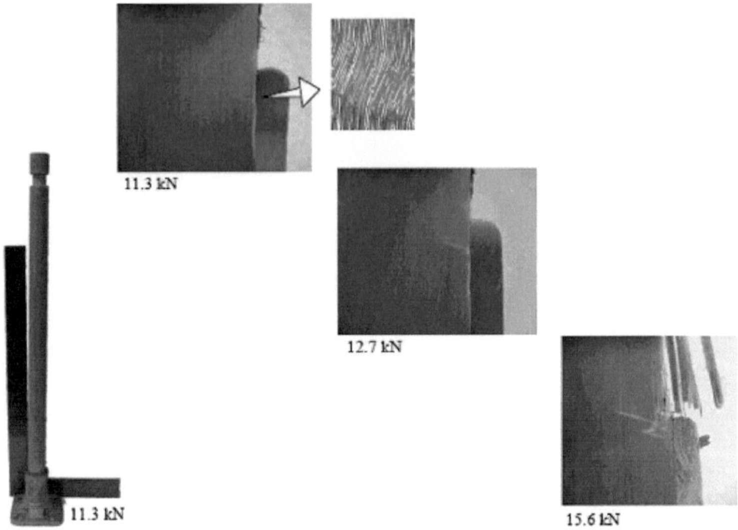

Abb. 3-38 Entwicklung der Schädigung bei einem 51 mm Isolator mit zunehmender Biegebelastung [Prenleloup 2008]

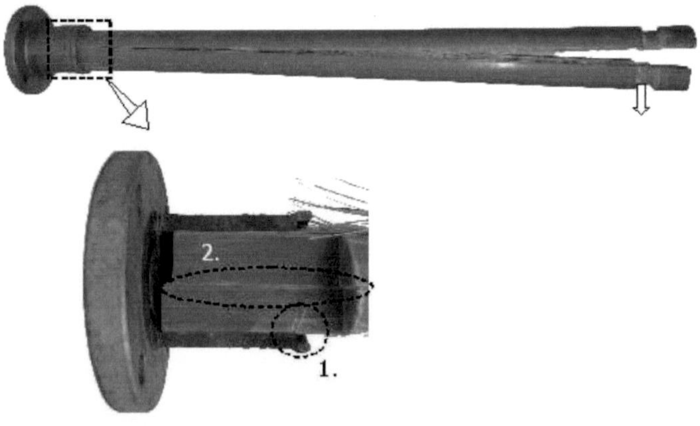

Abb. 3-39 Schadensbild eines 63 mm Isolators [Prenleloup 2008]
1. Ausbreitung von transversalen Rissen 2. Ausbreitung von axialen Rissen

in der neutralen Achse des Stabes hervorgerufen. Auch wenn dieser Schaden früher einsetzt, wird er erst kurz vor dem Totalversagen des Isolators sichtbar, wenn die Delamination sich rasch zum freien Stabende hin ausbreitet (Abb. 3-39 oben).

Es ist auffallend, dass dieses letzte Schadensmuster nur bei grossen Stabdurchmessern beobachtet wird. Das mag damit zusammenhängen, dass Isolatoren mit grossen Stabdurchmessern nicht so stark verpresst werden. Das hat zur Folge, dass auch der Reibverschluss zwischen Stab und Armatur schwach ist und teilweise Verschiebungen im “oberen” Teil des GFK-Stabes ermöglichen. Das führt wiederum zu hohen axialen Verformungen und zu damit zusammenhängenden hohen Schubkräften in der neutralen Faser des Stabes. In Abb. 3-39 ist sogar deutlich zu erkennen, dass diese Teilverschiebung zu einer richtigen Abstufung des Stabquerschnittes am eingespannten Stabende geführt hat.

Mit Hilfe der im vorigen Abschnitt vorgestellten FEM-Berechnungen, können die in den eben beschriebenen Versuchen beobachteten Schadensmuster auch rechnerisch nachvollzogen werden und zwar mit Hilfe von einem in [Prenleloup 2008] eingeführten Schadensindex. Wie dort erklärt wird, gibt dieser Index den numerischen Faktor an, mit welchem die äussere Belastung multipliziert werden muss, damit die Schadensgrenze des GFK-Materials, bei welcher der Schadensindex – per Definition – den Wert eins annimmt, erreicht wird. Die Rechenergebnisse für den Schadensindex für je einen 51 mm und 63 mm dicken Isolator unter Biegebelastung bis zum Versagen sind in Abb. 3-40a dargestellt. Dort erkennt man, dass bei der maximal möglichen Belastung, der Schadensindex in der Mitte des GFK-Stabes in einem weiten Bereich den Betrag 1, welche ja die Schadensgrenze des GFK-Materials darstellt, überschreitet. An dieser Stelle sind, wie oben erklärt, die Schubspannungen dominant. Zudem

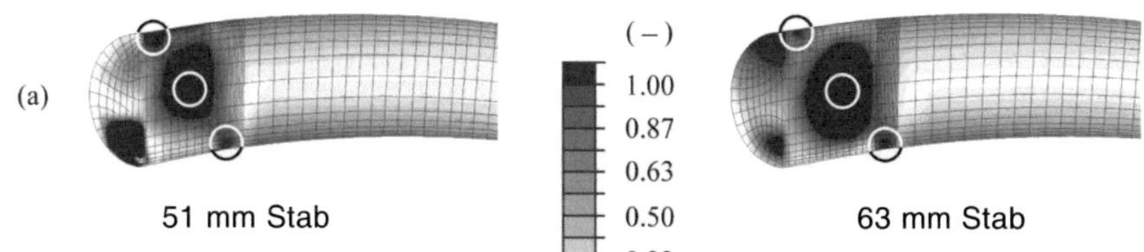

Abb. 3-40 Verteilung vom Schadensindex für 51 mm und 63 mm Isolatoren:
a) maximale Biegelast (Versagen), b) 60% (51mm) bzw. 50% (63 mm) der max. Last (die Kreise markieren jeweils die Höchstwerte vom Schadensindex)

wird die Schadensgrenze in der Nähe der zwei Berührungsstellen des Stabes mit der Metallarmatur überschritten, da dort hohe Radialspannungen im GFK-Stab herrschen. Wird die Belastung auf 60% (für den 51mm Stab) bzw. auf 50% (für den 63 mm Stab) reduziert, so geht auch der Schadensindex massiv zurück und der Wert 1.0 wird nur sehr lokal überschritten. Genau an diesen Stellen (abb. 3-40b) treten schon bei tieferen Belastungen die ersten inneren Schäden im GFK-Material auf. Dieser Vorgang wird auch aus dem Kraft-Weg Diagramm ersichtlich, da dort bei den entsprechenden Biegelasten der nichtlineare Bereich der Kraft-Weg-Kurve beginnt (Abb. 3-34).

Die Verfolgung des Schadensgeschehens im GFK-Stab wird durch die akustische Emissionsmethode wesentlich erleichtert [Prenleloup et al. 2007]. Eine entsprechende Einrichtung ist am Prüfrahmen angeschlossen (Abb. 3-31). Dort wurden mehrere 51 mm-, 63 mm- und 88 mm dicke Isolatoren bis zum Versagen belastet und dabei wurde die Aktivität der einzelnen Schadensereignisse mit einem akustischen Emissionsgerät registriert. Die Zählrate und die Intensität der registrierten akustischen Impulse (über fünf Sekunden gemittelt) werden in Abhängigkeit von der äusseren Biegelast in Abb. 3-41 für einen 51 mm- (a) und einen 63 mm (b) dicken Isolator gezeigt. Daraus erkennt man, dass die ersten Anzeichen von akustischen Emissionen für beide Isolatorentypen mit dem Beginn der Nichtlinearität in den dazugehörigen Kraft-Weg Diagrammen zusammenfällt (vgl. Abb. 3-34). Diese Aktivität nimmt massiv zu, wenn die Last weiter gesteigert wird und erreicht ihren Höchstwert beim Erreichen der Bruchlast (CFL) des jeweiligen Isolators.

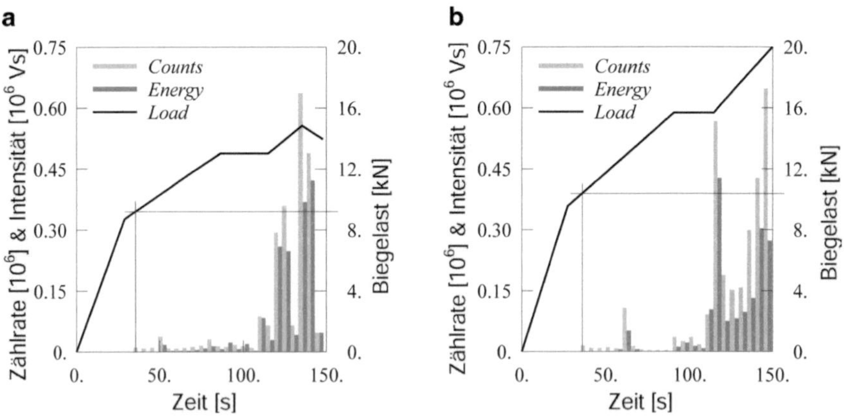

Abb. 3-41 Akustische Emissionen bei der Biegung von (a) 51 mm und (b) 63 mm Isolatoren [Prenleloup et al. 2007]

3.12 Sensitivitätsanalyse

Auch in diesem Fall wurde wie bei den Langstäben (Abschn. 2.4.7.5) eine Sensitivitätsanalyse durchgeführt und zwar nur für einige wenige Parameter, da es sich gezeigt hat, dass im Gegensatz zu den Langstäben, die anderen dort untersuchten Parameter (wie der Reibungskoeffizient zwischen Stab und Armatur, die Wandstärke der Armatur und das Spiel zwischen Stab und Armatur) keinen so wesentlichen Einfluss auf die Biegefestigkeit des Stützers – gekennzeichnet durch die Axialspannung σ_{zz} und die Schubspannung τ_{rz} – haben.

Untersucht wurde der 51 mm Isolator bei einer Biegebelastung von 9 kN, welche noch unterhalb seiner Schadensgrenze liegt (Abb. 3.34). Die Ergebnisse der Sensitivitätsanalyse sind in Abb. 3-42 für den Einfluss der radialen Verpressung links und für den Einfluss der Presslänge rechts wiedergegeben.

Daraus erkennt man, dass wenn die Verpressung, d.h. die Durchmesserreduktion des Stabes, zwischen 70% und 140% variiert wird, erwartungsgemäss die Axispannung σ_{zz} sich wenig ändert, die Schubspannung τ_{rz} in Stabmitte dagegen wird bis zu 40% massiv reduziert. Leider geht diese Reduktion auf Kosten der Radialspannung an der Aussenfaser und der Schubspannung in der Nähe der Aussenfaser, die dann um den gleichen Betrag, d.h. um 40%, erhöht werden.

Auch die Variation der Presslänge zwischen 75% und 150% von ihrem Nominalwert führt zu vorhersehbaren Ergebnissen. So stellt man eine wesentliche Reduktion aller massgebenden Spannungen bei einer Erhöhung der

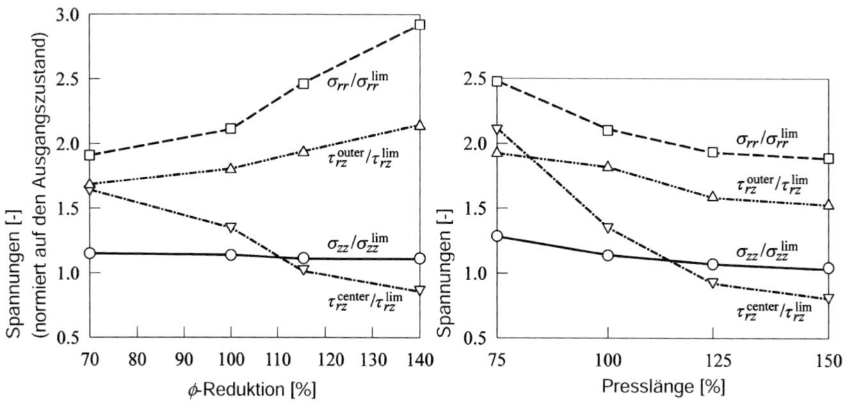

Abb. 3-42 Veränderung der kritischen Spannungen bei Variation der radialen Stauchung (links) und der Presslänge (rechts) eines 51 mm Stabes [Prenleloup et al. 2009]

Presslänge fest. Insbesondere die kritische Schubspannung τ_{rz} in der Stabachse fällt um 40% bei einer 50%-igen Verlängerung des Pressbereiches ab. Je länger die Endarmatur desto später setzt sich der Schädigungsprozess des GFK-Stabes ein.

3.13 Formelzeichen und Abkürzungen

AC	Wechselstrom (engl. alternating current)
CFL	Cantilever Failing Load (Biegebruchlast)
CIGRE	Conseil International des Grands Réseaux Électriques
DC	Gleichstrom (engl. direct current)
DLL	Damage Limit Load (Schadensgrenzlast)
DMS	Dehnungsmessstreifen
FEM	Finite Elemente Methode
FE-Modell	Finite Elemente Modell
FE-Netz	Finite Elemente Netz
GFK	Glasfaserverstärkter Kunststoff
Horizontal-V	Isoliertraverse
IEC	International Electrotechnical Commission
ISO	International Organization for Standardization
LVDT	Induktiver Weggeber (Linear variable differential transformer)
LPC	Stelle wo der Stab letztmalig die Endarmatur berührt (engl. *last point of contact*)
MDCL	Maximum Design Cantilever Load (Betriebsbiegelast)
ROW	Leitungskoridor, Trassenbreite (engl. *right of way*)
SBB	Schweizerische Bundesbahnen
SCL	Specified Cantilever Load (Mindestbiegebruchlast)
β	Neigungswinkel des Stützers zur Horizontalen
Δf	Änderung der Durchbiegung über die Zeit
ν_{LT}	Poisson-Zahl „längs-quer" des GFK-Stabes
σ	Max. zulässige Zug- oder Druckspannung
$\sigma_{\vartheta\vartheta}$	Umfangsspannung im GFK-Stab
σ_{Druck}	Versagensspannung (Druck) in Längsrichtung des GFK-Materials
σ_{max}	Max. Normalspannung im GFK-Stab bei der Biegung
σ_{rr}	Radialspannung im GFK-Stab
$\sigma_{rr,max}$	Max. Radialspannung im GFK-Stab bei der Biegung

σ_{zz}	Normalspannung im GFK-Stab
$\tau_{\max}$	Schubspannung beim Versagen des GFK-Materials
$\tau_{max}(z,y)$	Schubspannung im GFK-Stab bei der Biegung
$\tau_{max}(z,y=0)$	Max. Schubspannung (in der neutralen Achse des GFK-Stabes)
ϕ	Max. zulässiger Drehwinkel bei Torsionsbelastung des Isolators
d	Halbe Verpressungslänge
d	Stabdurchmesser
D	Stabdurchmesser
D_{min}	Mindestdurchmesser des Stützers
E	Elastizitätsmodul vom GFK-Stab
V, V'	Vertikale Last
f	Durchbiegung des Stützers
f_{max}	Max. Durchbiegung des Stützers
F	Biegelast
F_b	Äussere Belastung (Biegung)
F_{max}	Biegebruchlast eines Verbundstützers
G	Schubmodul
H, H'	Isolatordruckkraft (senkrecht zur Mastachse)
I	Trägheitsmoment des GFK-Stabes
I_p	Polare Trägheitsmoment des GFK-Stabes
l	Länge des Stützers
L, l	Freie Biegelänge
L_o	Positionierung vom DMS auf dem GFK-Stab
L_p	Verpressungslänge der Armatur
M, $M_{Z'}$, M_H	Biegemomente
M_o	Einspannmoment
M_t	Torsionsmoment
p_1, p_2	Amplituden der dreieckigen Streckenlasten
R	Radius vom GFK-Stab
R_o	Auflagekraft in der Einspannung
s	Hebelarm
t	Zeit
T, T'	Longitudinale Last
W	Widerstandmoment des GFK-Stabes
W_p	Polare Widerstandsmoment des GFK-Stabes
y	Koordinate in Radialrichtung vom Stabquerschnitt
z	Koordinate in Längsrichtung des GFK-Stabes
Z	Isolatorzugkraft (vom Mast weg gerichtet)

4 Isoliertraversen für Kompaktleitungen

4.1 Einleitung

Kompaktleitungen sind eine interessante Alternative zu konventionellen Freileitungen und zwar dort wo die Durchleitungsrechte einerseits aber auch die optische Beeinträchtigung der Landschaft andererseits von Bedeutung sind. Zudem bieten Kompaktleitungen weitere Vorteile, wie z.B. eine höhere übertragbare Leistung sowie niedrigere EMV- Belastung und all dies zu Kosten, welche nicht wesentlich höher als die Kosten für eine konventionelle Leitung sein müssen. Die ersten Kompaktleitungen sind schon in den 70er Jahren des letzten Jahrhunderts gebaut [Voyatzakis 1988, Havard et al. 1991], an Bedeutung haben sie erst gewonnen mit der breiten Einführung der Verbundisolatoren, welche erst in den 90ern richtig einsetzte. Der Grund dafür ist, dass die Isoliertraversen, welche für den Bau von Kompaktleitungen unabkömmlich sind, primär auf Druck belastet werden und dabei relativ grosse Verformungen erfahren, was für Verbundmaterialien weniger ein Problem darstellt als bei den herkömmlichen Isoliermaterialien (Porzellan, Glas).

Konkret sind folgende Eigenschaften von Verbundisolatoren für den Einsatz bei Isoliertraversen von Vorteil:

- Hohe Biegefestigkeit
- Elastizitätsgrenze in der Nähe der Bruchfestigkeit
- Hohe Bruchdehnung
- Zähigkeit

Heutzutage gibt es mehrere Beispiele von Kompaktleitungen, welche sogar bei 420 kV problemlos operieren [Schmuck et al. 2004, George et al. 2007, Papailiou & Schmuck 2011].

In diesem Kapitel wird im Detail auf die mechanische Bemessung von Kompaktleitung und insb. auf die mechanische Bemessung von Isoliertraversen mit Verbundisolatoren eingegangen. Zunächst werden aber im Folgenden die Grundsätze und die Optionen einer Leitungskompaktierung erläutert [Pohlman et al. 1991].

4.2 Grundsätze der Kompaktierung

4.2.1 Einfluss der Seilaufhängung auf das Mastbild

Die Art der Seilaufhängung spielt einen wesentlichen Einfluss auf das Mastbild und somit auf die Mastabmessungen. Wird deren Bewegungsfreiheit durch eine geeignete Isolatorenanordnung eingeschränkt, kann die Leitung kompakter gebaut werden. Abb. 4-1 zeigt eine konventionelle Hängekette, welche sich frei bewegen kann. Entsprechend wird sich der Seilaufhängepunkt unter dem Einfluss vom Wind quer zur Leitungsrichtung, um eine Distanz ΔT in vertikaler und ΔV in horizontaler Richtung bewegen. Diese beiden Strecken müssen bei der Festlegung der elektrisch erforderlichen Sicherheitsabstände zum Mast bzw. des Durchleitungskorridors (engl. ROW: *right of way*) entlang der Leitungstrasse berücksichtigt werden.

4.2.2 Möglichkeiten der Leitungskompaktierung

Wird dagegen die Lage des Leiterseils in seiner Position „fixiert“, so kann durch die Reduktion ΔV in vertikaler Richtung Masthöhe eingespart werden. Zudem minimiert die Reduktion quer zur Leitungsrichtung ΔT, den erforderlichen

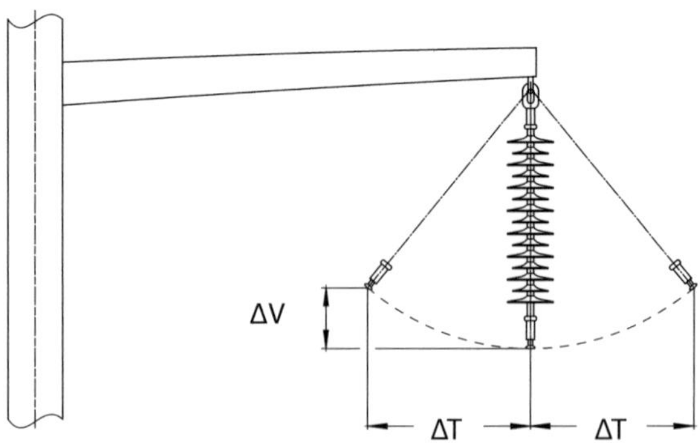

Abb. 4-1 Grenzen der Leitungskompaktierung [Pohlman et al. 1991]

Trassenkorridor, erlaubt aber auch das bessere Ausnutzen einer bestehenden Trasse durch eine Spannungserhöhung oder durch Hinzufügen eines zweiten Stromkreises.

Im Laufe der Zeit wurden verschiedenen Isolatorenanordnungen zur Leitungskompaktierung eingesetzt: die V-Kette, der horizontale Stützer, die Kombination von Hängekette/Stützer und die Isoliertraverse (engl. *horizontal-V*). Im Folgenden werden diese Anordnungen kurz vorgestellt.

4.2.2.1 V-Ketten

Verbundisolatoren wurden sehr früh auch in V-Ketten eingesetzt, meistens quer zur Leitungsrichtung und zwar zur Unterdrückung einer Bewegung der Seile in Richtung Mast, welche die Sicherheitsabstände reduziert hätte (Abb. 4-2). V-Ketten sind heutzutage, auch mit Verbundisolatoren bis in den höchsten Spannungsebenen erfolgreich im Einsatz.

4.2.2.2 Leitungsstützer (horizontal):

Leitungsstützer aus Porzellan wurden schon Ende der fünfziger Jahre eingeführt und haben einen ersten positiven Beitrag geliefert beim Umrüsten von bestehenden Leitungen auf höhere Spannungen sowie zu einer besseren

Abb. 4-2 V-Kette mit Verbundisolatoren

Ästhetik und dadurch zu einer besseren Akzeptanz der betreffenden Leitungen geholfen. Deren Einsatz wurde in den letzten Jahren durch die Entwicklung von entsprechend ausgelegten Verbundisolatoren (insb. mit Kernstäben mit grossem Durchmesser) bis zu der 220 kV Spannungsebene massiv erhöht (Abb. 4-3). Diese sog. Horizontalstützer, welche auf Biegung belastet werden, wurden schon ausführlich in Kap. 3 behandelt.

Ein gewichtiger Vorteil dieser Bauweise wird in Abb. 4-4 schematisch erläutert. Bei einer „normalen" Hängekette wird der Isolator unter Windeinwirkung (oder Winkelzug) in Richtung vom Seil ausgelenkt. Die dazugehörige

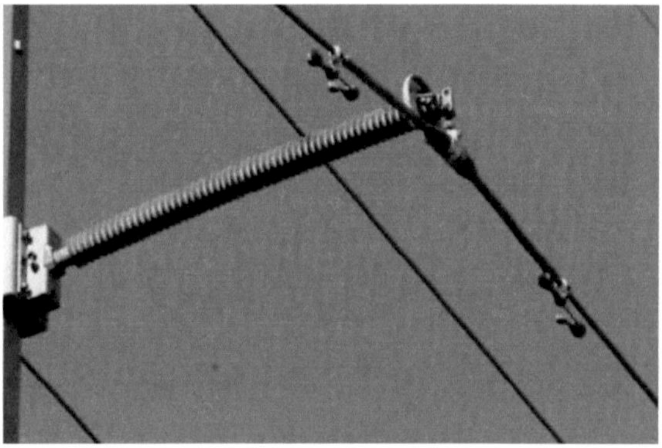

Abb. 4-3 Leitungstützer

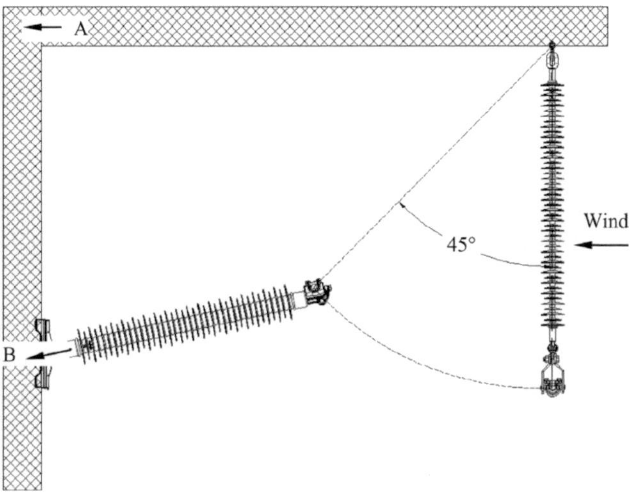

Abb. 4-4 Vorteile durch die Fixierung des Seilaufhängepunktes [Pohlman et al. 1991]

Kraft wirkt auf den Mast an der Stelle „A". Wird der Seilaufhängepunkt durch einen Leitungsstützer fixiert, so wird die gleiche Last auf die Stelle „B" auf den Mast wirken. Dadurch kann in vertikaler Richtung die Strecke AB an Masthöhe eingespart werden, was wiederum die Biegemomente auf Mast und Fundament reduziert und einen positiven Effekt nicht nur auf die Abmessungen sondern auch auf die Kosten der Tragstruktur ausübt.

4.2.2.3 Abgehängter Leitungsstützer

Damit der Leitungsstützer nicht zusätzlich durch die vertikalen Lasten (Eis, Seileigengewicht) belastet wird, wurden diese durch einen Langstabisolator aufgenommen, was zur Konstruktion des abgehängten Leitungsstützers führte (Abb. 4-5).

4.2.2.4 Isoliertraverse

Daraus ist in den 60er Jahren das Konzept der Isoliertraverse (engl. *horizontal-V*) entstanden. Die Innovation bestand darin die Hängekette bzw. heutzutage den Langstab (engl. *brace*) direkt an den Mast zu befestigen und somit die Notwendigkeit einer aufwendigen – metallischen – Traversenkon-struktion zu eliminieren (Abb. 4-6). Bei Belastung arbeitet der Stützer (engl. *post*) auf Druck (selten auf Zug, allerdings ist dieser Belastungsfall nicht kritisch), der

Abb. 4-5 420 kV abgehängter Leitungsstützer

Abb. 4-6 420 kV Isoliertraverse

Langstab dagegen immer auf Zug. Oft ist die Isoliertraverse gelenkig und um eine geneigte Achse drehbar an den Mast befestigt, so dass eine Rückstellkraft entsteht, sollte sie, aus welchen Gründen auch immer, aus ihrer Ruhelage in Leitungsrichtung ausgelenkt werden (s. Abschnitt 4.3.4).

4.3 Die mechanische Auslegung von Isoliertraversen

In diesem Abschnitt wird auf die mechanischen Eigenschaften und die Auslegung von Isoliertraversen eingegangen [Baker et al. 2008], da diese in den letzten Jahre und vor allem in den höheren Spannungsebenen, sich als die am besten geeignete und am meisten verwendete Konstruktion für Kompaktleitungen durchgesetzt haben.

Bei einer Isoliertraverse wird unterschieden, je nachdem wie der Stützisolator am Mast befestigt ist, zwischen einer starren und einer gelenkigen Anbindung (Abb. 4-7). Der wesentliche Unterschied besteht darin, dass im Falle einer starren Anbindung der Stützisolator auch Kräfte in Seilrichtung aufnehmen muss, da seine feste Einspannung am Mast, im Gegensatz zum Fall einer gelenkigen Anbindung, wenn diese Kräfte auftreten, keine Rotation in deren Richtung zulässt.

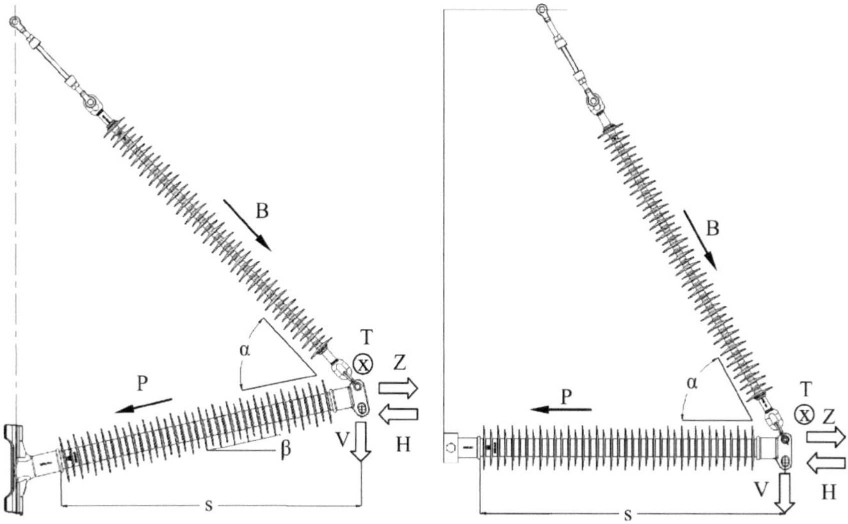

Abb. 4-7 Fest eingespannte (links) und gelenkig gelagerte (rechts) Isoliertraverse (schematisch) [ELECTRA 2002]

Die Lasten, welche auf eine Isoliertraverse wirken (Abb. 4-8), sind vertikale Lasten V vom Seil, sowie, falls vorhanden, vom Eis, horizontale Lasten H bzw. Z vom Wind, sowie, wiederum falls vorhanden, vom Winkelzug und longitudinale Lasten T vom möglicherweise ungleichmässigen Seilzug in den benachbarten Spanfeldern oder von einem – extrem seltenen – Seilbruch (Ausnahmebelastung).

In beiden Fällen, d.h. gelenkig oder starr gelagert, werden die vertikalen Lasten grösstenteils vom Langstab aufgenommen und zwar abhängig vom eingeschlossenen Winkel α zwischen Langstab und Stützer.

Die horizontalen Lasten dagegen werden, wenn diese als Druckkräfte wirken, den Stützer auf Knickung beanspruchen. Für sehr hohe Druckbelastungen werden oft Parallelstützer, Stützer mit grossem Stabdurchmesser oder sogar Hohlkörperisolatoren eingesetzt [Amman et al. 1998].

Die Berechnung der Isolatorenkräfte, d.h. der Kraft P auf den Stützer und der Kraft B auf den Langstab erfolgt relativ einfach mit den Formeln (Annahme $T = 0$):

$$P = H \cdot \frac{\cos(\varphi + \vartheta)}{\sin(\alpha)} + V \cdot \frac{\sin(\varphi - \vartheta)}{\sin(\alpha)} \tag{4.1}$$

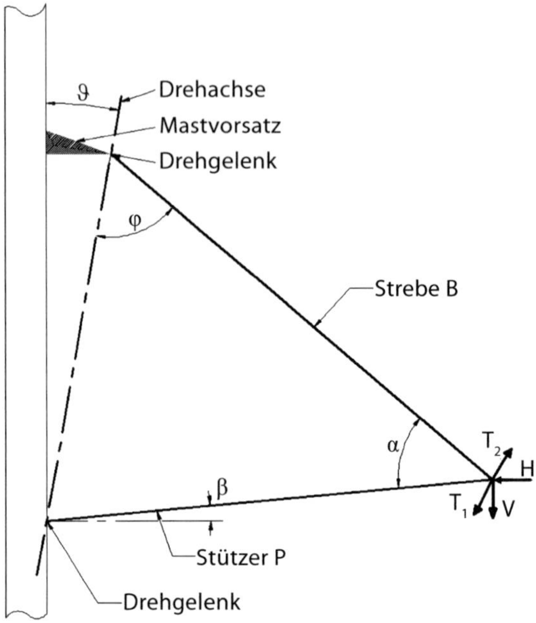

Abb. 4-8 Geometrie und Kräfte bei einer Isoliertraverse [Baker et al. 2008]

$$B = H \cdot \left[\frac{\cos(\alpha)}{\sin(\alpha)} \cdot \cos(\varphi + \vartheta) - \sin(\varphi + \vartheta) \right] + V \cdot \left[\frac{\cos(\alpha)}{\sin(\alpha)} \cdot \sin(\varphi - \vartheta) + \cos(\varphi - \vartheta) \right] \quad (4.2)$$

Die Last in Seilrichtung *T* braucht nur im Falle der starren Anbindung berücksichtigt werden, allerdings kann sie dann der entscheidende Faktor bei der Dimensionierung der Traverse werden. Neben der Verwendung von Stützern hoher Festigkeit, hilft man sich hier durch den Einsatz einer Fussarmatur mit Sollverformungsstelle (engl. *fail-safe base*) bzw. hängt das Seil mit einer Rutschklemme auf. Sollte der Stützer einer Isoliertraverse trotzdem versagen, findet keine Kaskade statt, da die Bruchkraft der verbleibenden, gesunden Strebe (Verbundlangstab) normalerweise ausreicht um den gefürchteten Seilabwurf zu vermeiden. Im Zweifelsfall wird eine Doppelhängekette mit Verbundlangstäben als Strebe verwendet (s. a. Abb. 4-19).

4.3.1 Die starr gelagerte Isoliertraverse

Es hat sich gezeigt, dass insb. bei Isoliertraversen mit langen Stützern – für Leitungen höherer Spannung – oft grosse Verformungen auftreten, deswegen empfiehlt es sich eine numerische Simulation zur Dimensionierung von starr gelagerten Isoliertraversen durchzuführen. So hat die damalige CIGRE Arbeitsgruppe für Isolatoren, ein kommerzielles FEM Berechnungsprogramm verwendet, um Bemessungsdiagramme, wie bei den Leitungsstützern in Kapitel 3 vorgestellt, zu generieren [ELECTRA 2002], worüber im Folgenden kurz berichtet wird.

Für diese Berechnungen wurde angenommen, dass alle drei Kräfte idealisiert an einem Punkt an der Traversenspitze angreifen. Der Neigungswinkel des 63 mm Stützers betrug 15° und seine Länge 2000 mm. Der Anschlusswinkel des 16 mm Langstabes zum Mast betrug 45° und er wurde als beidseitig gelenkig gelagert angenommen, im Gegensatz zum Stützer, welcher am Mast fest eingespannt war.

Die entsprechenden Belastungsdiagramme sind in Abb. 4-9 wiedergegeben. Die Belastung der Strebe sollte nicht negativ werden (Druck), um ein Ausknicken der Strebe bzw. unzulässige Berührungen zwischen den Metallarmaturen der beiden Isolatoren zu vermeiden; letzteres könnte RIV-Störungen verursachen. Bei dem hier vorhandenen Neigungswinkel des Stützers zur Horizontalen von 15°, führt diese Bedingung zu der Ungleichung: $V > H \tan 15°$. In diesem Diagramm entspricht somit die untere Gerade der Gleichung $V = H \tan 15°$, d.h. auf dieser Geraden ist die Strebe nicht belastet, oder anders gesagt, die Isoliertraverse sollte nicht unterhalb dieser Geraden „arbeiten". Die Gerade

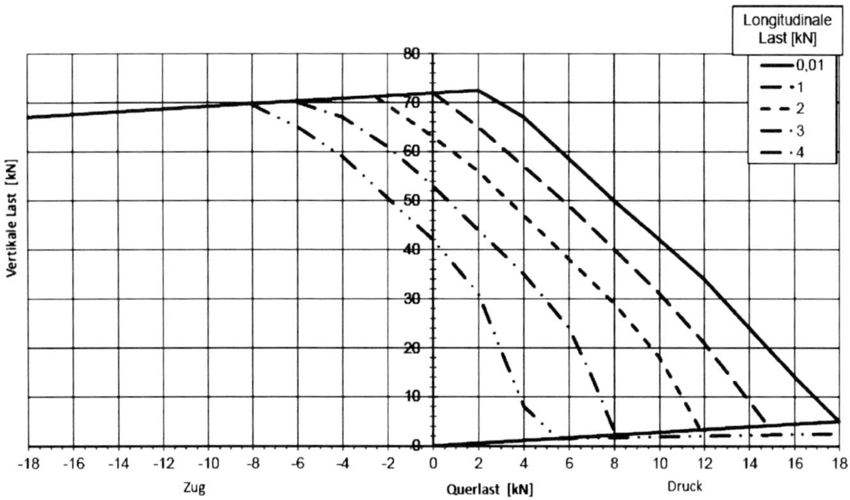

Abb. 4-9 Belastungsdiagramm für eine starr gelagerte Isoliertraverse [ELECTRA 2002]

oben im Diagramm verläuft parallel zur unteren Gerade und entspricht der maximal zulässigen Zugbelastung der Strebe.

Diese Rechenergebnisse wurden durch Messungen der Auslenkung der Traversenspitze überprüft und zwar für neun unterschiedliche Lastfälle. Der Mittelwert der Abweichung zwischen der gemessenen und der berechneten Auslenkung betrug dabei 8.1% mit einem Maximalwert von 15% und einer Standardabweichung von 4%, was als eine relativ gute Übereinstimmung angesehen werden kann.

Ähnliche Versuche wurden von [Dumora et al. 1990] durchgeführt mit der in Abb. 4-10 gezeigten Versuchsanordnung.

Auch bei diesen Versuchen wurde eine gute Übereinstimmung mit den Berechnungen festgestellt. Zusätzlich konnte das Versagensverhalten von solchen Isoliertraversen untersucht werden. Dabei wurde beobachtet, dass relativ kurze Isolatoren, d.h. bis zu einer Länge von ca. 1.5 m wie sie bis 150 kV eingesetzt werden, diese ähnlich wie einfache Horizontalstützer versagen (Abschnitt 3.11). Das heisst, zunächst versagen die Glasfasern auf der Druckseite des Stützers am Hals der Fussarmatur, dann folgen die Glasfasern auf der Zugseite und schliesslich findet eine Delamination des Kernes wegen der hohen Schubspannung in Stabmitte statt.

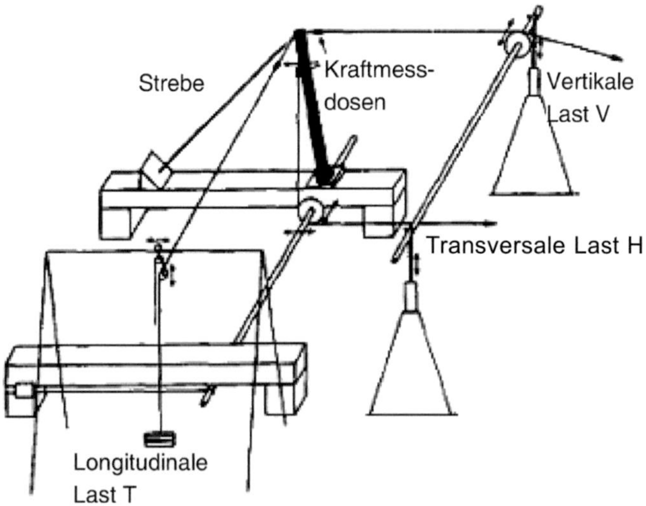

Abb. 4-10 Schema einer Versuchsanordnung für statische Versuche an Isoliertraversen [Dumora et al. 1990]

Dagegen tritt bei langen, abgespannten Stützern mit Längen von über 2.0 m, wie diese in der Spannungsebene von 220 kV und höher zum Einsatz kommen, ein ganz anderer Versagensmechnismus auf. In diesem Fall versagen praktisch immer die GFK-Stäbe durch Faserbruch auf der konvexen Seite des bogenartig ausgelenkten Isolators und zwar in einem Abstand von ca. 1/3 der Isolatorenlänge von der Fussarmatur. Das ist typisch für das Versagen von relativ schlanken Druckstäben mit hoher – elastischer – Bruchdehnung, wie beim GFK der Fall, nach Überschreiten der Euler'schen Knickkraft, und wird im Detail in Kap. 5 bei den Phasenabstandshaltern erläutert.

4.3.2 Die gelenkig gelagerte Isoliertraverse (horizontal-V)

Das ist insb. für höhere Spannungen die am meisten verwendete Anordnung, da sie über eine hohe mechanische Festigkeit verfügt und zudem fehlertolerant ist.

Die statische Berechnung der gelenkig gelagerten Isoliertraverse verläuft ähnlich wie die eben vorgestellte Berechnung der starr gelagerten Traverse. Die äusseren Lasten welche an der Traversenspitze in horizontaler und vertikaler Richtung angreifen (Abb. 4-8) werden zunächst in ihren jeweiligen Komponenten in Richtung der Strebe und des Stützers zerlegt. Unter der Annahme von einem Kraftgleichgewicht in longitudinaler (Seil-) Richtung ($T_1 = T_2$) und mit den gleichen Bezeichnung wie in Abb. 4-8, ergeben sich die Belastungen *B* für die Strebe und *P* für den Stützer aus den obigen zwei Gleichungen (4.1) und (4.2).

Der Verbundlangstab in der Strebe wird rein auf Zug belastet und kann relativ einfach nach dem Vorgehen in Kapitel 2 dimensioniert werden. Der Stützer dagegen wird auf Druck belastet und kann, da er in diesem Fall beidseitig gelenkig gelagert ist (Abb. 4-11), als Euler'sche Knickstab berechnet werden mit der maximal ertragbaren Druckkraft, der Euler'schen Knickkraft:

$$P_{\text{Euler}} = \frac{\pi^2 \cdot EI}{L^2} \tag{4.3}$$

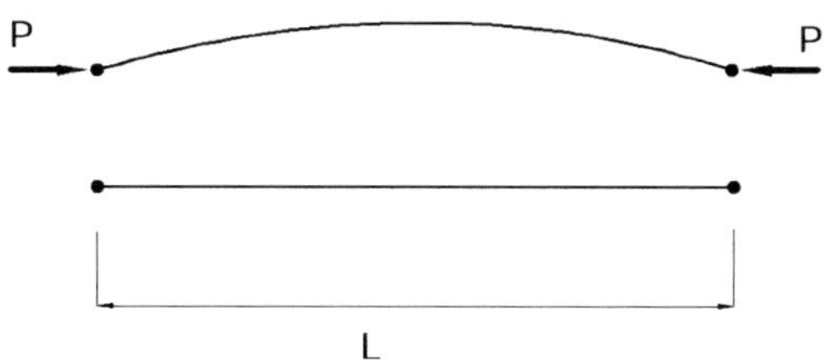

Abb. 4-11 Statisches System und Belastung des Traversenstützers

Beachten muss man allerdings in der Knickberechnung die Exzentrizität des Lastangriffs, welche durch die verwendeten Armaturen praktisch unvermeidbar ist (Abb. 4-12) und zusätzlich den Stützisolator auf Biegung beansprucht. Der negative Einfluss dieser Exzentrizität ist aus Abb. 4-13 ersichtlich. Dort sind

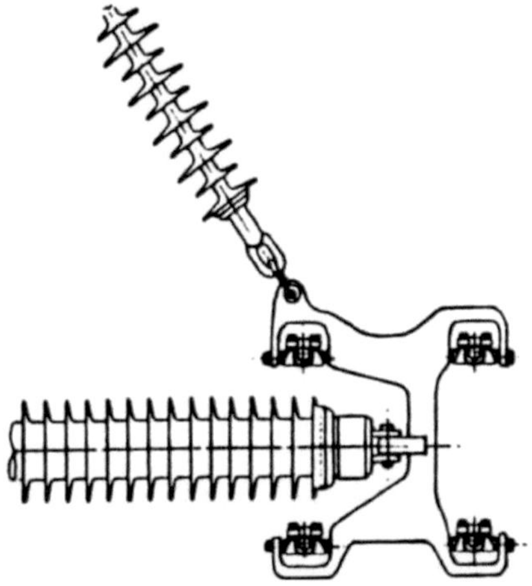

Abb. 4-12 Exzentrische Einleitung der Druckkraft über die Seilarmatur bei einem Vierer-Bündel [Paris et al. 1991]

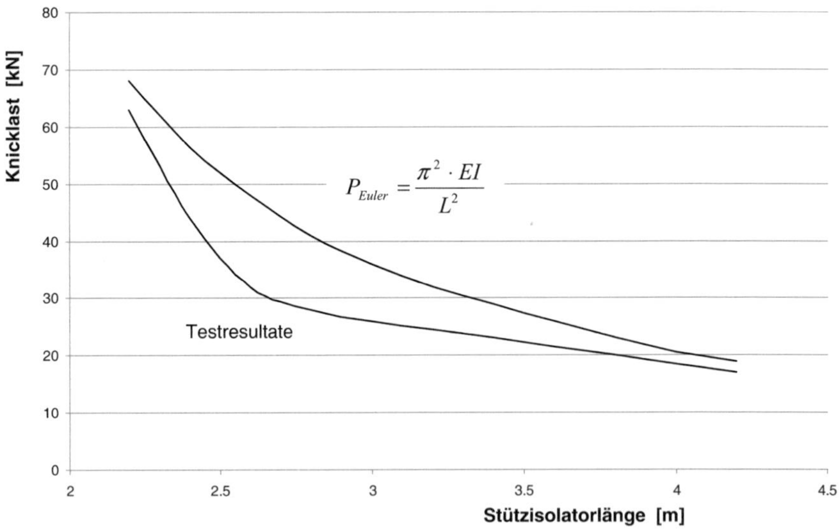

Abb. 4-13 Versuchsergebnisse von Knickversuchen an Isoliertraversen mit 63 mm Stützern unterschiedlicher Länge im Vergleich zur theoretischen Euler-Kraft [Baker et al. 2008]

nämlich die Ergebnisse von Knickversuchen an 63 mm Stäben im Vergleich mit der aus der klassischen Knickformel (4.3) oben sich ergebenden maximalen Knickkraft, eingetragen [Baker et al. 2008]. Man erkennt daraus eine z. T. deutliche Reduktion der gemessenen Versagenslast zur theoretischen Knickkraft.

Eine Möglichkeit diese schädliche zusätzliche Biegung zu reduzieren, besteht darin spezielle Armaturen, z.B. mit einem sog. “Bumerang”, zu verwenden [Paris et al. 1991] (Abb. 4-14).

In der Praxis ist zudem die unvermeidbare Reibung in den vielen Gelenken der Traverse zu berücksichtigen, da diese einen wesentlichen Einfluss auf das mechanische Verhalten der Traverse haben können. Solche Effekte können sinnvollerweise nur mit numerischen Simulationen erfasst werden; dies passiert heutzutage mit der Finite Elemente Methode (FEM). Die Ergebnisse solch einer Berechnung für eine 420 kV Isoliertraverse sind in Abb. 4-15 gezeigt, [George et al. 2007].

Wegen all diesen Unsicherheiten wird empfohlen solche Isoliertraversen, neben den in den diversen IEC Vorschriften vorgesehenen Typenprüfungen, welche sich z. Zt. leider nur auf die einzelnen Komponenten (Isolatoren) der Traverse beziehen, als Ganzes einer mechanischen Prüfung zu unterziehen. In dieser Prüfung sollte die Isoliertraverse die max. zulässigen Belastungen ohne

Abb. 4-14 Bumerang-Armatur sorgt für zentrische Krafteinleitung [Paris et al. 1991]

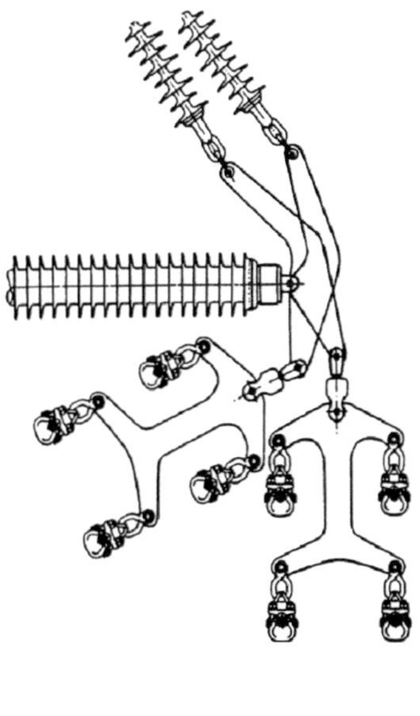

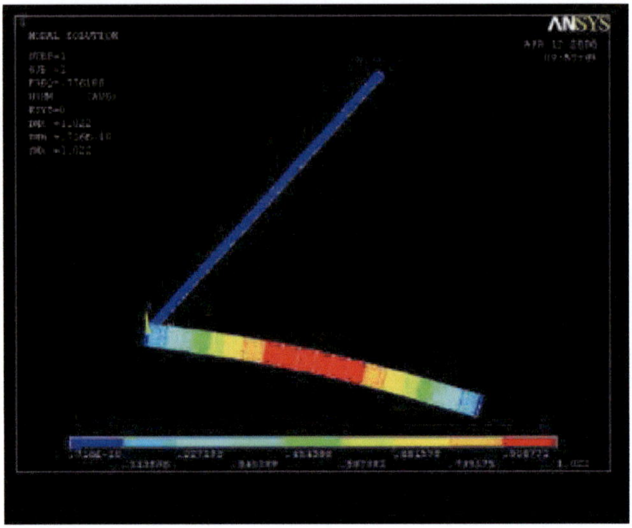

Abb. 4-15 Finite Elemente Berechnung einer Isoliertraverse [George et al. 2007]

bleibende Verformungen oder andere Schäden überstehen. Das wird verifiziert durch Anwendung der im Abs. 6.3.1, des IEC Standards 61952 beschriebenen Prozedur, d.h. durch Belastung über 96 h mit einer um 10% erhöhten maximal zulässigen Kraft. Nach Abschluss dieser Prüfung sollte zur Überprüfung von möglichen inneren Schäden des Verbundstützers, sowohl in der Nähe seiner beiden Armaturen wie auch in Stabmitte und zwar an der Stelle, an der während des Versuches die maximale Durchbiegung beobachtet wurde, nach dem in IEC 61952, Abschn. 3.3.2.2, beschriebenen Verfahren aufgeschnitten und untersucht werden (s. a. Abschnitt 3.3.2). Diese Prüfung kann sowohl mit Isolatoren aus der Serie, wie auch mit den zugehörigen GFK-Stäben, d.h. ohne Silikonbeschirmung, durchgeführt werden.

In Abb. 4-16 wird die Prüfanordnung für eine 420 kV Traverse gezeigt und in Abb. 4-17 sind die dazugehörigen Prüfresultate aufgetragen.

Bei der in diesem Fall geforderten maximalen Belastung von F_{res} = 64 kN, wurde an der Messstelle y am Isolator eine maximale Durchbiegung von 23 mm gemessen. Bis zu dieser Stelle – und darüber hinaus – verläuft das Ausknicken des Verbundstützers sehr „gutmütig“, d.h. der Isolator verbleibt voll im elastischen Bereich und kehrt nach Entlastung an seine ursprüngliche Position ohne nennenswerte bleibende Verformung zurück. Die an der Messstelle x bei der maximalen Belastung von 64 kN beobachtete Verlschiebung

Abb. 4-16 Prüfung einer 420 kV Isoliertraverse [George et al. 2007]

von 20 mm, ist der – elastischen – Verlängerung des Verbundlangstabes der Strebe zuzuordnen.

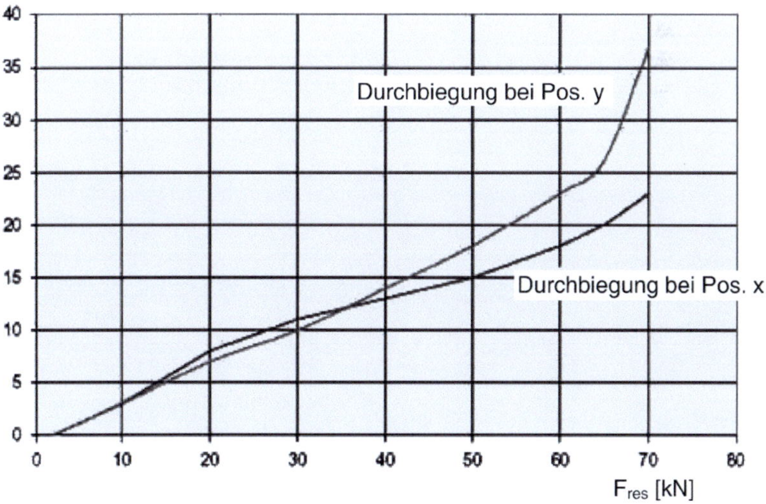

Abb. 4-17 Verformung der Isoliertraverse mit zunehmender Belastung F_{res} [George et al. 2007]

Man kann für gelenkig gelagerte Isoliertraversen, ähnlich wie für starr gelagerte, Bemessungsdiagramme erstellen. So ein Bemessungsdiagramm (Abb. 4-18) aus [Baker et al. 2008], zeigt die zulässigen Lastkombinationen für eine typische Isoliertraverse für 230 kV, wobei in diesem Fall und im Gegensatz zur starr gelagerten Traverse keine longitudinalen Lasten berücksichtigt werden brauchen. Die obere Linie (durchgezogen) wird durch die Knickfestigkeit des Stützers bestimmt. Dabei ist es interessant festzustellen, dass diese Festigkeit marginal von der äusseren vertikalen Belastung abhängt. Die untere Linie (gestrichelt) dagegen, schränkt die möglichen Lastkombinationen ein: unterhalb dieser Kurve würde die Strebe auf Druck beansprucht, was negative Folgen für die Festigkeit der ganzen Traverse hätte. Diese Grenzbelastung kann aus Gleichung (4.2) oben (vereinfachend für $\vartheta = 0°$) bestimmt werden, für den kritischen Fall, dass nämlich die horizontale Kraft H in Mastrichtung zeigt:

$$B = V \cdot \frac{\cos(\beta)}{\sin(\alpha)} - H \cdot \frac{\sin(\beta)}{\sin(\alpha)} > 0 \tag{4.4}$$

Das führt zu: $V/H > \tan\beta$ oder $V > H \tan\beta$ für die Mindestlast V, welche wirken muss, damit die Strebe keinen Druck bekommt.

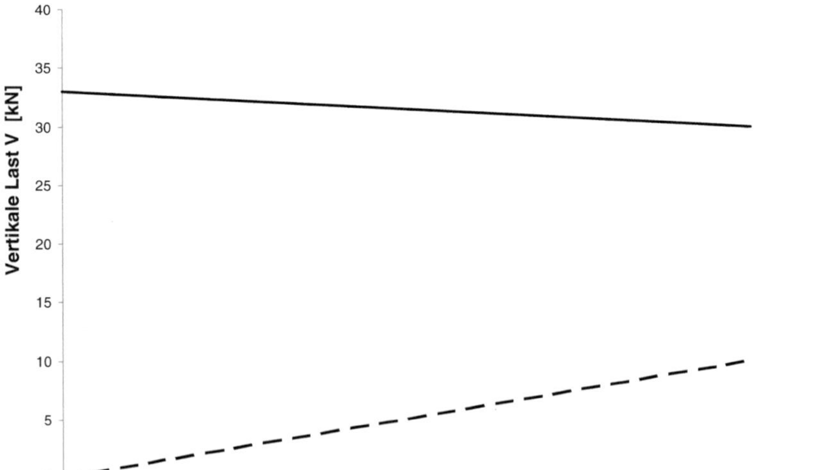

Abb. 4-18 Bemessungsdiagramm für eine typische 230 kV Isoliertraverse (*horizontal-V*) mit $\phi = 65°$, $\vartheta = 15°$ und $\alpha = 50°$, s. a. Abb. 4.8 [Baker et al. 2008]

4.3.3 Dynamische Belastungen

Ein wesentlicher Vorteil der gelenkig gelagerten Isoliertraverse ist ihre Toleranz gegenüber longitudinalen Belastungen, wie diese durch ungleichmässige Züge in den benachbarten Spanfeldern der Traverse auftreten können, da diese dann in Richtung der grösseren Zuglast rotiert. Die Physik dieses Lastfalles wird im nächsten Abschnitt behandelt. Hier geht es zunächst um die experimentelle Ermittlung der hohen dynamischen Belastungen, welchen eine Isoliertraverse ausgesetzt ist und zwar in dem ganz seltenen Fall eines einseitigen Seilbruchs. Dann entsteht nämlich durch die durch die Rotation hervorgerufene Beschleunigung – dank Newton – eine schockartige Spitzenkraft, welche von der Traverse und insb. vom Stützisolator aufgenommen werden muss. Die ersten dokumentierten Versuche und numerischen Simulationen zu diesem Sachverhalt wurden von [Amman et al. 1998] an der in Abb. 4-19 gezeigten Isoliertraverse in den 90er Jahren durchgeführt, welche dazumal weltweit die erste 420 kV Isoliertraverse im Betrieb gewesen ist.

In diesem Fall wurde für den Stützer ein Hohlkörperverbundisolator verwendet, da zu diesem Zeitpunkt (Ende der neunziger Jahre), ein Vollkernstützer für die hohen aufzunehmenden statischen Drucklasten produktionstechnisch gar nicht möglich war. So beträgt die Euler'sche Knickkraft von einem 76 mm (3 Zoll) Stützer bei einer Knicklänge von 3.25 m – diese Länge ist auf Grund von elektrischen Überlegungen erforderlich – „nur“ 55 kN. Dagegen betrug die Druckbelastung für den hier massgebenden kritischen Lastfall (Wind bei 0°C, kein Eis, Leitungswinkel von 1.8°) 110 kN (einschliesslich dem geforderten Sicherheitsbeiwert von 3.1). Es sei an der Stelle bemerkt, dass in der Zwischenzeit es möglich geworden ist GFK-Stäbe mit Durchmessern bis zu 150 mm zu fertigen, womit auch solch hohe Lasten aufgenommen werden können [George et al. 2007].

Für diese Versuche wurde die dem Seilzug entsprechende longitudinale Last durch ein Gewicht erzeugt, über Umlenkrollen an der Traversenspitze appliziert und dann mittels einer elektromechanischen Vorrichtung plötzlich abgeworfen. Die Versuchsanordnung ist in Abb. 4-20 schematisch gezeigt. Die gemessenen maximalen Werte für die Querbeschleunigung an der Spitze der Traverse betrugen dabei ca. 90 g. Der zeitliche Verlauf dieser Querbeschleunigung ist in Abb. 4-21 für zwei verschiedene Gewichtsmassen m_L von 2700 kg bzw. 3600 kg wiedergegeben.

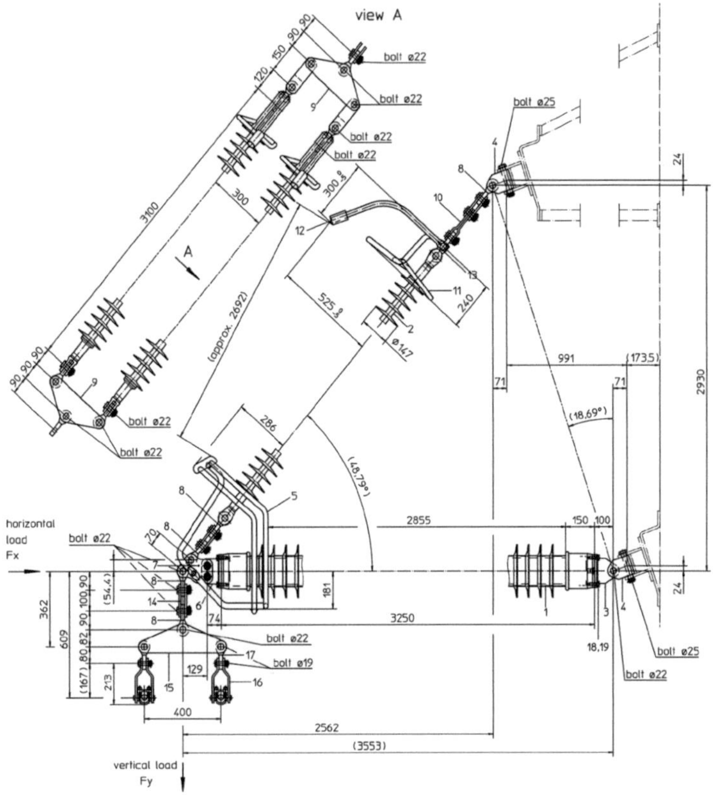

Abb. 4-19 Die weltweit erste 420 kV Isoliertraverse für EOS Lausanne (alle Angaben in mm)

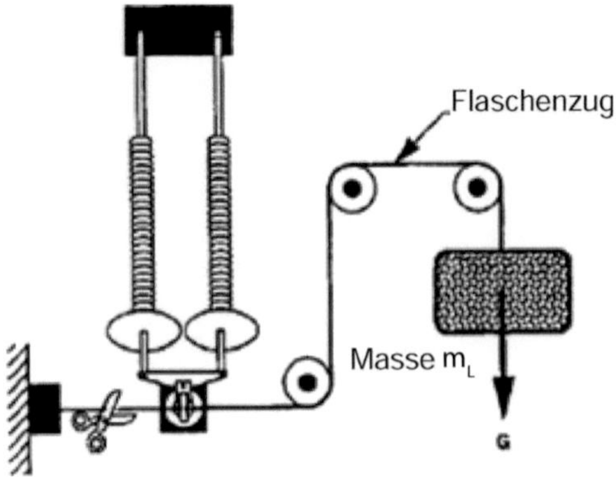

Abb. 4-20 Versuchsanordnung für die dynamischen Versuche (schematisch) [Amman et al. 1998]

4.3.4 *Stabilitätsuntersuchungen*

Ein besonderer Vorteil der gelenkig gelagerten Isoliertraversen ist deren Fähigkeit bei plötzlichen Seilbewegungen stabilisierend zu wirken. Solche Bewegungen finden statt, wenn innerhalb eines Seilabschnittes – bestehend aus mehreren Spannfeldern – ein temporärer differentieller Seilzug an einem Seilaufhängepunkt auftritt, hervorgerufen z.B. durch Windböen, nicht gleichmässigen Eisansatz, stark unterschiedlich lange Spannfelder – z.B. in gebirgigem Terrain – sowie durch Kurzschlusskräfte. Es kann dann vorkommen, insb. bei langen Traversen für höhere Spannungen, dass die Traverse instabil wird – man spricht in diesem Fall auch vom „snap-through“ (Abb. 4-22)– was zu beachtlichen Seilauslenkungen führt mit dazugehöriger Reduktion der Sicherheitsabstände zum Mast; in extremen Fällen könnte die Traverse mechanisch versagen.

Wenn das Traversen-Seil System instabil wird, dreht sich die Traverse so weit bis sie wieder einen stabilen Zustand und zwar dann, wenn eine weitere Rotation durch Blockieren verhindert wird [Bernstorf 2008] (Abb. 4-23).

In einem ersten Schritt soll hier das Verhalten einer Traverse bei differentiellem Seilzug untersucht werden [Lummis & Pinkham 1970, Baker et al. 1982]. Gibt es Unterschiede in der horizontalen Seilzugspannung in den zwei angrenzenden Spannfeldern, so bewegt sich die Traversenspitze in Richtung der höheren Zuglast. Sollte in diesem Fall der Drehwinkel der Isoliertraverse

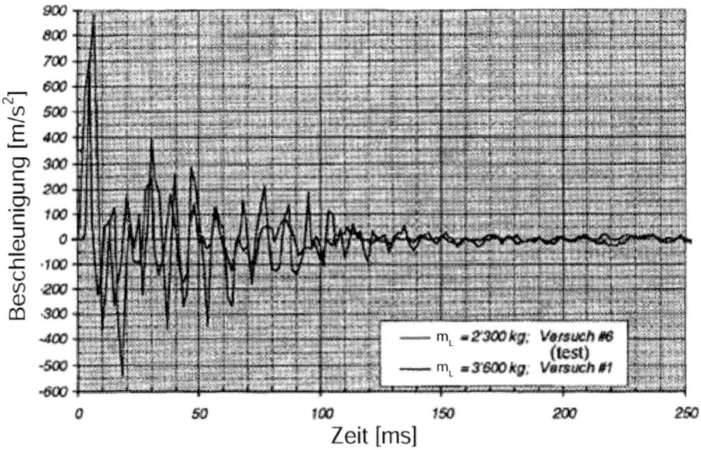

Abb. 4-21 Zeitlicher Verlauf der Querbeschleunigung an der Traversenspitze nach dem Lastabwurf [Amman et al. 1998]

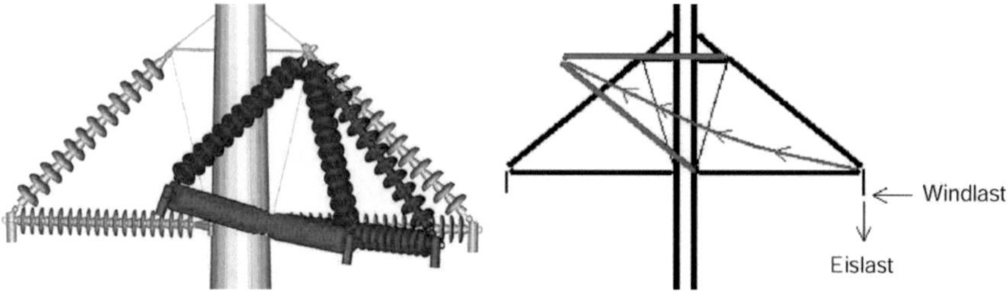

Abb. 4-22 „Snap-through" einer Isoliertraverse (links: Modell, rechts: schematisch)

zur Vertikalen geneigt sein, dann erhöht sich physisch die Traversenspitze und die vertikalen Seillasten erzeugen dabei ein Rückstellmoment, welches versucht das Kräftegleichgewicht in Seilrichtung wiederherzustellen.

In Abb. 4-24 ist die Isoliertraverse in ihrer Gleichgewichtsposition skizziert, d.h. es herrscht gleicher Seilzug auf beiden Seiten der Traverse. Dabei kennzeichnet der Winkel ϑ die Neigung der Rotationsachse der Traverse, s ist die Länge des Stützers, β seine Neigung und V das anteilige Gewicht (Seil und evtl. Eis) der zwei sich angrenzenden Spannfelder plus das Eigengewicht der Traverse. Die Gewichtskraft V kann in zwei Komponenten zerlegt werden: die eine $V \cos \vartheta$ steht senkrecht zum Drehradius der Traversenspitze p, die andere $V \sin \vartheta$ befindet sich in radialer Richtung (und somit in Richtung von p) und steht senkrecht zum Seil.

Ist nun die Traverse um den Winkel ω ausgelenkt (Abb. 4-25), dann kann die Kraft $V \sin \vartheta$ wiederum in zwei Komponenten zerlegt werden, eine in

Abb. 4-23 Blockieren einer Isoliertraverse beim Versuch [Bernstorf 2008]

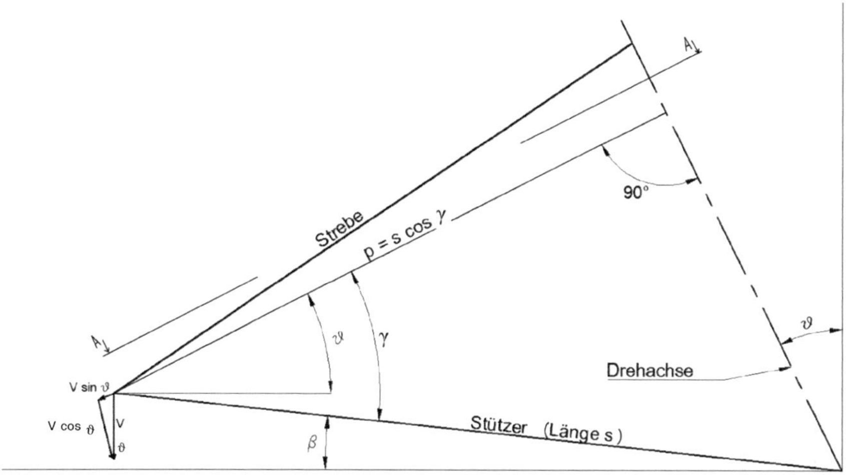

Abb. 4-24 Prinzipskizze der Traverse in der Grundstellung (Seitenansicht) [Baker et al. 1982]

radiale Richtung, d.h. in Richtung von p, die andere, T, in Seilrichtung. Letztere ist auch die Kraft welche die Verschiebung c der Traverse in Seilrichtung hervorruft. Es folgt:

$$T = V \cdot \sin(\theta) \cdot \tan(\omega) \tag{4.5}$$

$$c = p \cdot \sin(\omega) \tag{4.6}$$

Für eine gegebene Isoliertraverse sind die Grössen V, ϑ und p konstant und T und c variabel, da von V und ω abhängig. Wird H betrachtet, die Kraft welche aus Wind quer zur Leitungsrichtung und/oder aus dem Winkelzug – falls vorhanden – herrührt und ihre Komponente $H \cos \vartheta$ (Abb. 4-26 oben), ergibt sich die Kraft T_{HW}, welche die Verschiebung c des Seilaufhängepunktes in Leitungsrichtung hervorruft zu:

$$T_{HW} = (H \cdot \cos(\theta) + V \cdot \sin(\theta)) \cdot \tan(\omega) \tag{4.7}$$

Wenn die Kraft $H \cos \vartheta$ mit der Kraft $V \sin \vartheta$ gleichgerichtet ist (Abb. 4-26 oben), wird die Stabilität der Traverse erhöht. Ist das Gegenteil der Fall (Abb. 4-26 unten), wird diese reduziert, d.h. die Traverse entfernt sich immer mehr aus ihrer Gleichgewichtslage.

Die unvermeidlichen Reibungseffekte in den Traversengelenken wurden bei der vorangehenden Diskussion zunächst nicht berücksichtigt. Sie wirken sich stabilisierend aus: in der Gleichgewichtslage erschwert nämlich die Reibung die

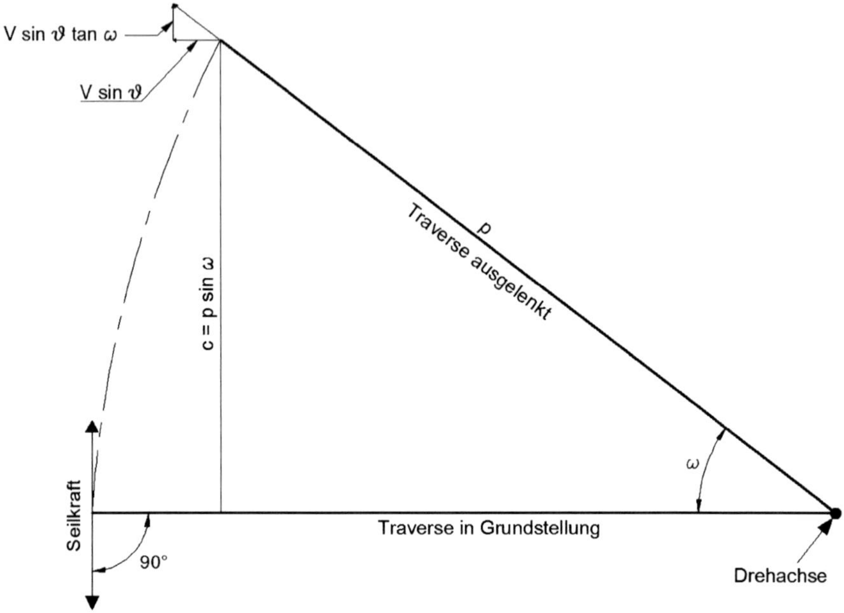

Abb. 4-25 Traverse in ausgelenkter Position (Aufsicht, Schnitt A-A in Abb. 4-24) [Baker et al. 1982]

Auslenkung der Traverse, ist sie diese ausgelenkt, wirken die Reibungskräfte in den Gelenken der Traverse einer weiteren Auslenkung entgegen.

Im Weiteren wird auf den Abspannabschnitt einer Freileitung, welcher aus mehreren Spannfeldern mit einer entsprechenden Anzahl von Isoliertraversen besteht, eingegangen. Wird eine Traverse, die drehbar gelagert ist, durch den Einfluss vom Wind- und/oder vom Winkelzug aus ihrer Gleichgewichtslage wie oben beschrieben ausgelenkt, dann wird auch das Gleichgewicht der anderen Traversen im Abspannabschnitt gestört. Ähnlich werden alle Traversen eines Abschnittes ausgelenkt, wenn durch ungleichmässig verteilte Eislasten, sich die Seilkräfte von Spannfeld zu Spannfeld ändern. Allerdings tritt dieser Effekt erst bei langen Spannfeldern ab 350 m auf, welche für die hier behandelten Kompaktleitungen eher unüblich sind.

Durch das Drehgelenk mit dem der Traversenstützer am Mast befestigt ist (Abb. 4-7 rechts), kann die gesamte Traverse jeweils in Richtung des höheren Seilzuges ausschwenken. Dadurch vergrössert sich der Seildurchhang auf der einen Seite und reduziert sich auf der anderen Seite der Traverse. Das wiederum führt zu einer der Drehbewegung entgegenwirkenden höheren Seilzugspan-

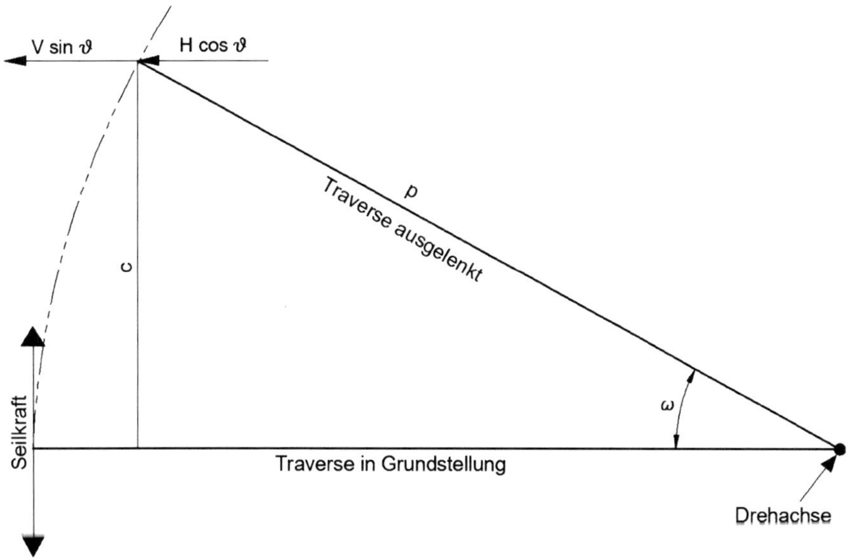

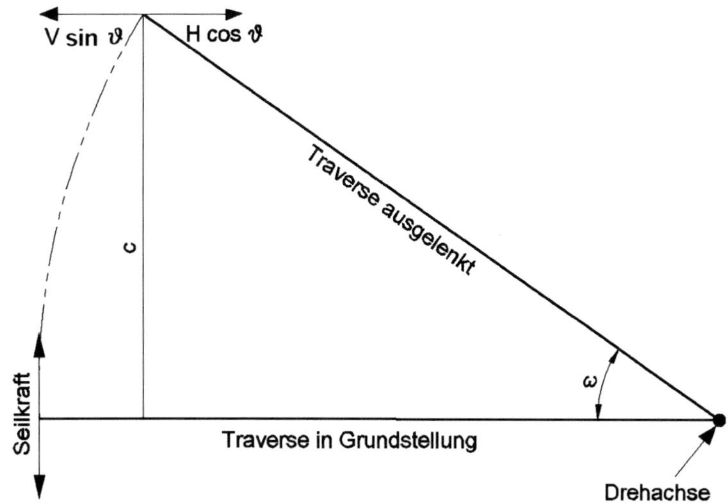

Abb. 4-26 Aufsicht der ausgeschwungenen Traverse mit den dazugehörigen Kräften, oben stabil, unten kritisch [Baker et al. 1982]

nung im Spannfeld wo der Seildurchhang reduziert worden ist. Die daraus resultierende Seilkraft erzeugt eine Rückstellkraft auf die Traverse und wirkt selbststabilisierend auf dem gesamten betrachteten Leitungsabschnitt.

Basierend auf den Arbeiten von [Campbell 1970] wurde ein Berechnungsprogramm entwickelt, welches solche Stabilitätsberechnungen für Kompaktleitungen mit Isoliertraversen ermöglicht hat. Damit wurden in [Baker et al. 1982] verschiedene Einbausituationen untersucht. Diese werden im Folgenden zusammenfassend präsentiert.

Als Belastung wird eine Windbelastung auf einige der Spannfelder angesetzt. Weiterhin wird eine, wenn auch kleine, Windkomponente in Leitungsrichtung angenommen, was wohl auch der Realität entspricht. Damit wird der Rechenalgorithmus „angestossen" und die kritische Windgeschwindigkeit, bei welcher das System instabil wird, ermittelt. So wurde z.B. die für die Stabilität eines Abspannabschnittes einer 345 kV Kompaktleitung kritische Windgeschwindigkeit in Abhängigkeit der Anzahl Spannfelder berechnet und mit dem Neigungswinkel ϑ der Traverse als Parameter in Abb. 4-27 dargestellt. Wie man sieht, verbessert sich die Stabilität (d.h. die kritische Windgeschwindigkeit erhöht sich) mit abnehmender Anzahl der Spannfelder und mit einer Vergrösserung des Neigungswinkels der Traverse.

Erwartungsgemäss hat auch die Windrichtung im Vergleich zur Leitungsrichtung einen wesentlichen Effekt auf die Stabilität. In Abb. 4-28 ist die kritische Windgeschwindigkeit gezeigt für ein Abspannabschnitt mit 20 Spannfeldern und einem Neigungswinkel der verwendeten Isoliertraversen von $\vartheta = 20°$. Wenn der Wind zunehmend in Leitungsrichtung dreht, entsprechend erhöht sich die Stabilität des Abspannabschnittes. Am Ungünstigsten ist es, wenn starke Winde senkrecht zur Leitungsrichtung (d.h. 0°) blasen und sie zudem eine nennenswerte Komponente auch in Leitungsrichtung aufweisen.

Die Windstabilität von Kompaktleitungen mit Isoliertraversen kann durch folgende Massnahmen verbessert werden [Baker et al. 2008]:

- Erhöhung des Neigungswinkels ϑ oder des eingeschlossenen Winkels α (s. a. Abb. 4-8)
- Erhöhung der Vertikallasten an der Traverse, z.B. durch Zusatzgewichte
- Erhöhung des Seilzuges
- Reduktion der einzelnen Spannweiten und/oder der Anzahl Spannfelder in einem Abspannabschnitt
- Verkleinerung des Leitungswinkels bei Winkelmasten

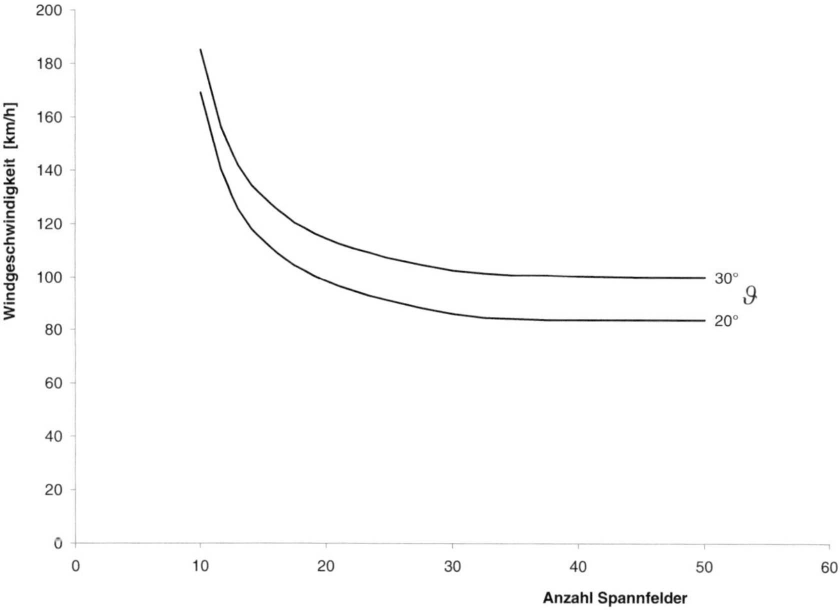

Abb. 4-27 Kritische Windgeschwindigkeit in Abhängigkeit der Anzahl Spannfelder mit dem Neigungswinkel ϑ als Parameter [Baker et al. 1982]

- Verwendung innerhalb von langen Abspannabschnitten von sog. Stabilisierungstraversen bei denen der gelenkig gelagerte Stützer der normalen Traverse durch zwei starr gelagerte Stützer in spitzem Winkel zueinander, ersetzt wird (Abb. 4-29).

Eine andere Lösung zur Verbesserung der Stabilität wurde von [Paris & Commelini 1969] vorgeschlagen. Bei dieser Lösung wird eine etwas anders geartete stabilisierende Traverse verwendet, welche aus zwei in einem horizontalen Öffnungswinkel zueinander stehenden normalen Traversen besteht (Abb. 4-30). Diese Traverse ersetzt je nach den Ergebnissen der Stabilitätsberechnung die eine oder andere normale Traverse im untersuchten Anspannabschnitt. Ihre stabilisierende Wirkung rührt daher, dass, wenn sie sich verdreht, ein Rückstellmoment entsteht, gegeben durch $M=L\ d$, mit L dem Seilzug und d den Abstand zwischen den gegeneinander gerichteten Seilzugkräften L (Abb. 4-30 rechts).

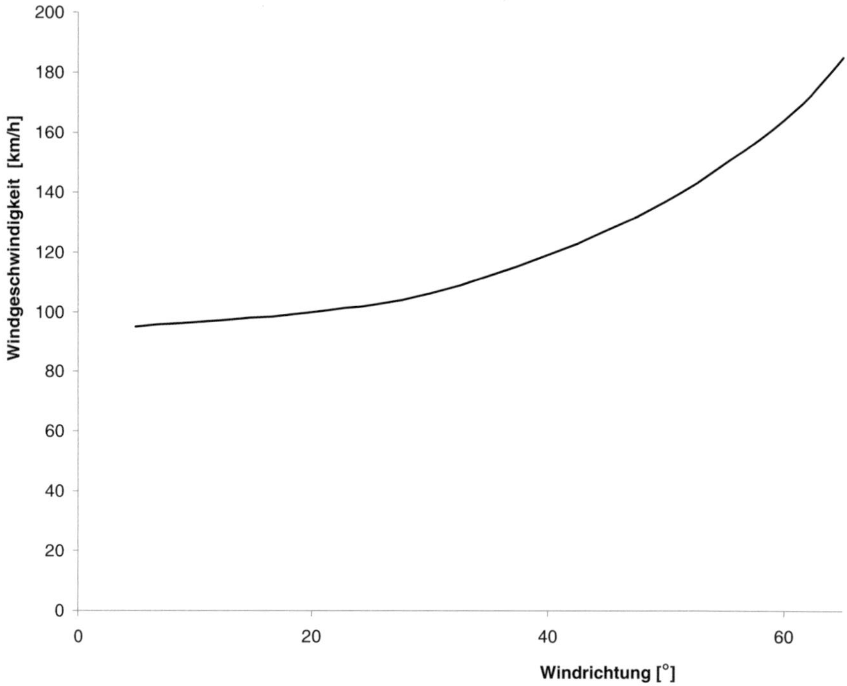

Abb. 4-28 Kritische Windgeschwindigkeit über den Angriffswinkel des Windes auf die Leitung (0°: Wind senkrecht zur Leitung) bei einer Traverse mit $\vartheta = 20°$ [Baker et al. 1982]

4.4 Innovative Anwendungen von Kompaktleitungen

Im Folgenden werden einige Beispiele aus der Berufserfahrung des Verfassers mit Kompaktleitungen vorgestellt, welche zum Zeitpunkt ihrer Implementierung als innovativ galten.

4.4.1 420 kV Leitung mit Hohlkörperisolatoren in der Schweiz

Ende der neunziger Jahre musste in der Westschweiz eine neue 420 kV Leitung zwischen Genf und Lausanne gebaut werden und zwar auf der gleichen Trasse wie eine vorhandene 125 kV Doppelleitung. Zudem sollten am gleichen Mastgestänge zwei einphasige 132 kV Stromkreise der Schweizer Bundesbahnen (SBB) aufgehängt werden. Topographie und Behausung entlang der Leitungstrasse führten dazu, dass in einem Leitungsabschnitt nur eine Kompaktleitung sowohl die Einhaltung der erforderlichen Sicherheitsabstände als auch

Abb. 4-29 Spezialtraverse mit Verbundisolatoren (Dreibein) zur Stabilitätserhöhung einer 345 kV Kompaktleitung [Baker et al. 2000]

der vorgeschriebenen EMF-Werte einhalten würde [Filipopoulos et al. 2002]. Zudem wurden damit die Forderungen der Anwohner nach einer verbesserten Ästhetik der neuen Maste gerecht, wie aus dem in Abb. 4-31 gezeigten Grössenvergleich ersichtlich ist.

Die hohen Druckkräfte auf die Stützer der Isoliertraversen führten dazu, dass eine Lösung mit Hohlkörperisolatoren entwickelt werden musste, da zum damaligen Zeitpunkt nur Vollkernstützer bis max. 88 mm Stabdurchmesser vorhanden waren. Die in enger Zusammenarbeit mit dem Leitungsbetreiber

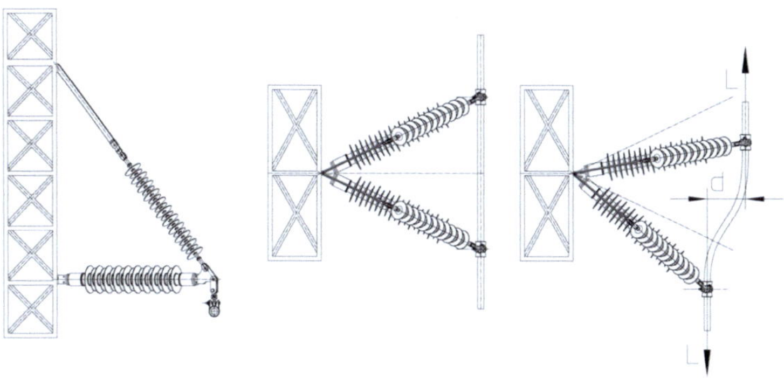

Abb. 4-30 Prinzip einer Pendeldoppeltraverse zur Stabilisierung der Traversenrotation [Paris & Commelini 1969]

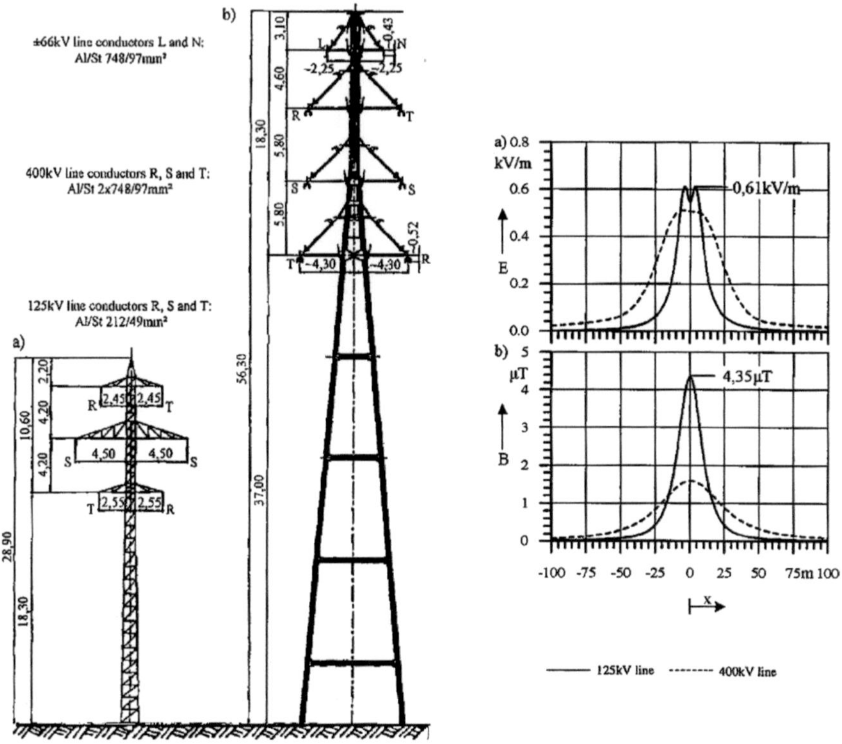

Abb. 4-31 Vergleich der bestehenden 125 kV Leitung und der neuen 420 kV Kompaktleitung Links: Grössen- und ROW-Vergleich *Rechts*: Vergleich der E- bzw. B-Felder [Papailiou 1998]

und dem Masthersteller entwickelte Lösung (Abb. 4-32) wurde ausführlich getestet und ist seit bald 15 Jahren ohne jegliche Probleme in Betrieb. Für weitere Details sei auf [Amman et al. 1998] und [Papailiou 1998] sowie auf Abschn. 4.3.3 verwiesen.

4.4.2 Notgestänge mit Verbundisolatoren

Auch Hochspannungsfreileitungen sind in den letzten Jahre von den Naturgewalten nicht verschont gewesen, was die Entwicklung und den Einsatz von sog. Notgestängen gefördert hat. Zudem gibt es bei einem Netzbetreiber immer wieder Situationen, z.B. Umtrassierungen oder Kreuzungen, bei denen man auf schnell und sicher zu installierenden Notgestängen anwiesen ist. Diese müssen besonders platzsparend sein, was zu der Neuentwicklung von einer

Abb. 4-32 Eindrücke aus der weltweit ersten 420 kV Kompaktleitungen mit Verbundisolatoren

Abb. 4-33 Notgestänge mit Isoliertraversen bei der Umlegung des Viererbündels

Familie von Notgestängen mit Isoliertraversen mit Verbundisolatoren geführt hat [Schmuck et al. 2004]. Die Verbundisolatoren bieten sich für solche Notgestänge, da sie leicht und somit in Notsituationen, da bruchunempfindlich, leicht zu handhaben sind. Dadurch entfällt die Notwendigkeit Ersatzisolatoren, wie früher es bei Porzellan und Glas der Fall war, mit zu transportieren. Letzteres ist für die containeroptimierten Transport der Notgestänge in oft unwegsamem Gelände von Bedeutung.

In Abb. 4-33 wird ein 420 kV Notgestänge gezeigt, wie dies im Jahre 2000 bei der Umleitung einer 420 kV Leitung in Holland im Einsatz kam. Diese Umleitung war erforderlich, da der durch die Kreuzung mit einer Bahnhochgeschwindigkeitstrasse erforderlich Masterhöhung um ca. 10m erforderlich neuer Stahlgittermast, nicht so schnell aufgestellt werden konnte, wie die durch die notwendigen Abschaltungen und den Unterbruch des Bahnbetriebs zur Verfügung stehende Zeit erlaubte. Der Umbau erfolgte in rekordverdächtigen 5 Stunden.

4.4.3 Erste 420 kV Doppelleitung mit Volkernverbundtraversen

Bei der Planung einer neuer Verbindung zwischen zwei Umspannwerken in Dubai, war die neue Trasse über eine Strecke von 4.5 km einerseits durch eine bestehende 420 kV Leitung und andererseits durch die Stadtautobahn auf einer Breite von 11 m beschränkt. Zudem erforderten die zu übertragbare Leistung von 2600 MVA ein relativ starkes Viererbündel (Aldrey Seile mit 28.4 mm Durchmesser), die in dieser Gegend herrschende starke Verschmutzung einen recht hohen spezifischen Kriechweg von 55 mm/kV für die Isolatoren und der hohe geforderte Kurzschlussstrom von 63 kA/1s unempfindliches Isoliermaterial und wirksame KS-Schutzarmaturen. Alle diese Bedingungen konnten durch die Wahl von Isoliertraversen mit speziellen Schutzarmaturen auf Stahlrohrmaste montiert, erfüllt werden. Nach anfänglichen Überlegungen einen ob der hohen Druckkräfte Doppelbalken für den Stützer zu verwenden, wurden dank dem besseren Verständnis des mechanischen Verhaltens von Verbundisolatoren unter Druckbelastung, den speziell dafür entwickelten FEM-Simulationen, sowie den dazugehörigen Versuchen (s. a. Abschn. 4.3.2), aber auch durch die Fortschritte in der Fertigungstechnologie von „dicken“ GFK-Stäben (heute bis 150 mm möglich) zu Gunsten eines einfachen Stützers fallengelassen (Abb. 4-6). Diese Leitung ist seit 2004 erfolgreich in Betrieb [George et al. 2007] (Abb. 4-34).

Abb. 4-34 Die neue 420 kV Kompaktleitung (während dem Seilzug) neben der bestehenden konventionellen 420 kV Leitung, rechts im Bild die Stadtautobahn, im Hintergrund die Skyline von Dubai

4.5 Formelzeichen und Abkürzungen

CIGRE	Conseil International des Grands Réseaux Électriques
GFK	Glasfaserverstärkter Kunststoff
FEM	Finite Elemente Methode
Horizontal-V	Isoliertraverse
IEC	International Electrotechnical Commission
ROW	Leitungskoridor, Trassenbreite (engl. *right of way*)
V-Kette	Hängekette mit zwei Isolatoren an der Seilaufhängung welche einen Winkel (> 0°) einschliessen
ΔT	Auslenkung in horizontaler Richtung durch den Einfluss vom Wind
ΔV	Auslenkung in vertikaler Richtung durch den Einfluss vom Wind

α	Eingeschlossener Winkel zwischen Langstab und Stützer
β	Neigungswinkel des Stützers zur Horizontalen
γ	Eingeschlossener Winkel zwischen Drehradius der Traversenspitze und Stützer
ϑ	Neigung der Rotationsachse der Traverse
ϕ	Eingeschlossener Winkel zwischen Langstab und Drehachse
ω	Drehwinkel der ausgelenkten Traverse in Seilrichtung
B	Kraft der Traversenstrebe
c	Verschiebung der ausgelenkten Traverse in Seilrichtung
d	Abstand zwischen den gegeneinander gerichteten Seilzugkräften L
E	Elastizitätsmodul vom GFK-Stab
g	Erdbeschleunigung
H	Isolatordruckkraft (senkrecht zur Mastachse)
I	Trägheitsmoment des GFK-Stabes
L	Knicklänge
L	Seilzugkraft
M	Rückstellmoment
p	Drehradius der Traversenspitze
P	Kraft des Traversenstützers
P_{Euler}	Euler'sche Knicklast
m_L	Gewichtsmasse für die dynamischen Versuche
s	Länge des Stützers
T , T_1, T_2	Longitudinale Last
T_{HW}	Kraft welche eine Verschiebung des Seilaufhängepunktes der Traverse in Leitungsrichtung hervorruft
V	Vertikale Last

5 Phasenabstandshalter

5.1 Einleitung

Leitungskompaktierung ist ein bewährtes Mittel nicht nur zur Reduktion der Trassenbreite, sondern auch – durch eine tiefere Wellenmpedanz – zur Erhöhung der Übertragungsfähigkeit der Leitung. Zudem werden das elektrische wie das magnetische Feld an den Grenzen des Durchleitungskorridors so weit herabgesetzt, dass es in diesem Zusammenhang keine negativen Einflüsse auf die Umwelt zu erwarten sind.

Wie schon im Kapitel über Kompaktleitungen erläutert, beruht die Leitungskompaktierung im Wesentlichen auf der Minimierung der Phasenabstände. Dadurch und da die Phasenabstände um Einiges kleiner sind als bei normalen Freileitungen, besteht bei einer kompakten Bauweise höhere Gefahr für Phasenüberschläge durch Annäherung zweier Phasen, sei es durch Windböen, Eisabwurf oder Kurzschlüsse; das hätte evtl. eine Abschaltung zur Folge. Um das zu vermeiden werden oft sog. Phasenabstandshalter (PAH) verwendet (Abb. 5-1).

In den letzten Jahren konnten Phasenabstandshalter in Verbundbauweise vermehrt eingesetzt werden, da die Entwicklung und die Akzeptanz der Verbundisolatoren generell massive Fortschritte gemacht haben. Somit konnten auch bei dieser Anwendung die speziellen Eigenschaften der Verbundtechnik, wie z.B. das geringe Gewicht, die hohe Flexibilität sowie die starke Hydrophobie, um einige zu nennen, vorteilhaft zum Einsatz kommen.

5.2 CIGRE Umfrage

5.2.1 Auswertung Fragebogen

Schon im Jahre 1990 hat die CIGRE eine Umfrage gestartet über den weltweiten Einsatz von Phasenabstandshaltern [ELECTRA 1992]. Es stellte sich heraus,

Abb. 5-1 420 kV Phasenabstandshalter in der Vorab-Leitung

dass dazumal 32 Energieversorgungsunternehmen (EVU) aus 13 Ländern (davon 6 aus Europa) ca. 13000 Phasenabstandshalter in praktisch allen Spannungsebenen von 11 bis 420 kV, seit 20 Jahren im Einsatz hatten (Abb. 5-2).

Die grosse Mehrheit (92%) der angefragten EVUs gaben für den Hauptgrund der Installation von Phasenabstandshaltern die Lösung von technischen Problemen an, wie:

- Zusammenschlagen von Seilen insb. in langen Spannfeldern bei hohen Winden und Eislasten bzw. bei Eisabwurf. Daraus entstünden Kurzschlüsse, welche insb. die Aussenlage der Seile beschädigten, was auch zu einer Erhöhung der Radiostörungen führt. Spitze Drahtenden, die dann im Wind wirbelten, führten zu mehr Kurzschlüssen.
- Zusammenschlagen der Seile beim gefürchteten Galloping, welches bei Wind und ungleichmässigem Eisansatz auf die Seile auftritt.
- Vermeiden von Überschlägen zwischen den Seilen im freien Spannfeld, da dort die grössten Galloping-Amplituden auftreten.
- Einhaltung der erforderlichen (elektrischen) Sicherheitsabstände zu geerdeten Teilen (z.B. Masten).
- Probleme mit den Durchgangsrechten bei neuen Leitungstrassen.

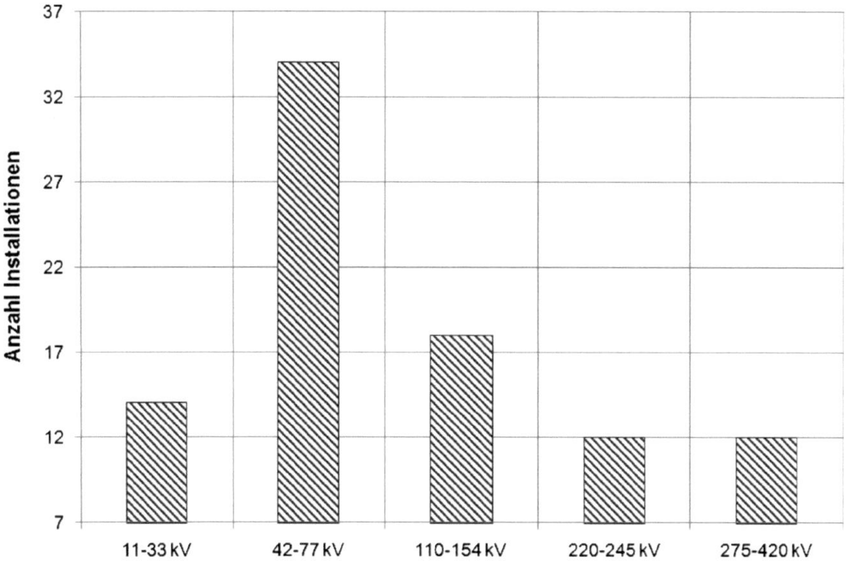

Abb. 5-2 Anzahl der weltweit installierten PAH je nach Spannungsebene [ELECTRA 1992]

Vier Prozent der Befragten gaben damals an Phasenabstandshalter zum Zwecke der Leitungskompaktierung eingebaut zu haben, was vermutlich heut-

Tab. 5-1 Details der eingesetzten Phasenabstandshalter

Gesamtlänge (mm)	Durchmesser (mm)	Gesamtmasse (kg)	Material	Anzahl Installationen
670–1999	65	40–44	Porzellan	2
	12–30	3–20	Verbund	9
2000–2999	60–65	40–49	Porzellan	25
	15–42	6–15	Verbund	4
3000–3999	65	40–154	Porzellan	6
	16–43	15–70	Verbund	4
4000–4999	60–90	74–328	Porzellan	3
	24–37	36	Verbund	7
5000–5999	60–75	81–142	Porzellan	4
	24–63	26–179	Verbund	9
6000–8500	32–47	31–35	Verbund	4
12 400	–	–	Verbund	1

zutage, durch die fast ausschliessliche Verwendung von Phasenabstandshaltern in Verbundbauweise, höher wäre.

In Tab. 5-1 sind die wichtigsten Parameter der damals eingebauten Phasenabstandshalter wiedergegeben. In 54 Installationen wurden die Phasenabstandshalter mit Spiralarmaturen an das Seil befestigt (Abb. 5-3). Aus Abb. 5-4 erkennt man, dass unabhängig von der Spannungsebene eine klare Präferenz besteht, die Seilanbindung der Phasenabstandshalter mit einem Gelenk zu versehen; das ist für die an dieser Stelle oft auftretenden grossen Verdrehungen, welche das Leiterseil beschädigen können, vorteilhaft.

5.2.2 Betriebserfahrungen

Die Erfahrungen der Anwender mit Phasenabstandshaltern dieser CIGRE Umfrage waren durchaus positiv, wie die folgenden Auszüge aus dem Bericht zeigen:

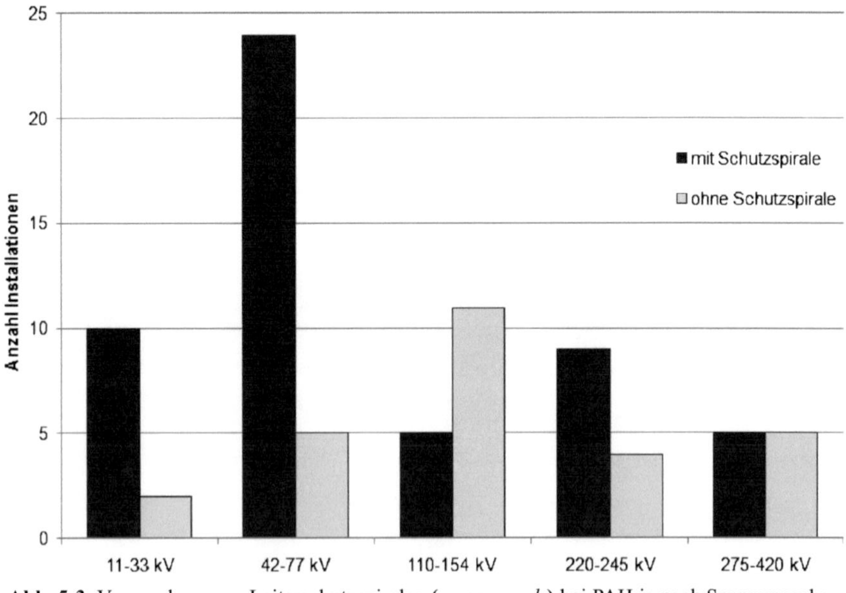

Abb. 5-3 Verwendung von Leiterschutzspiralen (*armour rods*) bei PAH je nach Spannungsebene [ELECTRA 1992]

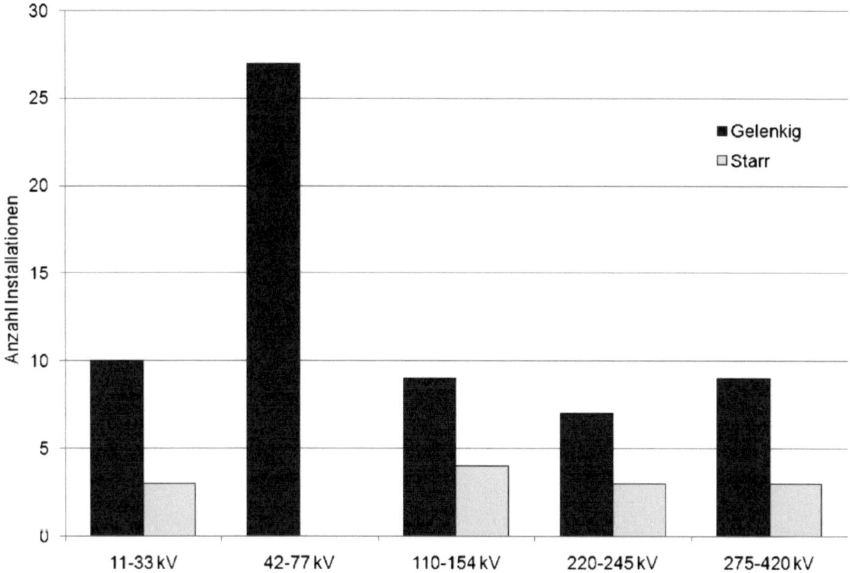

Abb. 5-4 Auslegung des Seilanschlusses von PAH je nach Spannungsebene [ELECTRA 1992]

- Nach dem Einbau der Phasenabstandshaltern sind Seilkollisionen durch Wind bzw. ungleichen Eislasten ausgeblieben.
- Die Phasenabstandshalter ergaben sich als eine preisgünstige Alternative zum Einbau von zusätzlichen Masten.
- Die zunächst eingebauten Phasenabstandshalter aus Porzellan wurden durch PAH in Verbundbauweise ersetzt, nachdem erstere mechanisch versagt haben.
- Der starre Anschluss der PAH auf das Seil versagte bei Stossbelastungen (hervorgerufen durch Galloping); in einer neuen Generation wird diese starre Bauweise durch eine flexible Anschlusstechnik ersetzt,
- Kein Zusammenschlagen der Seile nach dem Einbau der PAH.
- Galloping konnte zwar nicht voll unterdrückt werden, aber Seilkollisionen und damit zusammenhängende Seilschäden schon. Zudem konnten durch Galloping hervorgerufene Abrasionserscheinungen an den Isolatorenanschlusselementen sowie an den Masten vermieden werden.
- Überschläge blieben nach den Einbau von PAH in kritischen Spannfeldern aus.

5.3 Anschlusstechnik

Wie eben erwähnt ist die Anschlusstechnik der Phasenabstandshalter auf das Seil von grundlegender Bedeutung für ein langjähriges, störungsfreies Funktionieren der Anordnung. Für Mittelspannungsfreileitungen reicht oft eine starre Anbindung (Abb. 5-5). Für höhere Spannungen ist eine drehfreie Lagerung vorzuziehen (Abb. 5-6), da dann weder das empfindliche Seil noch der Phasen-

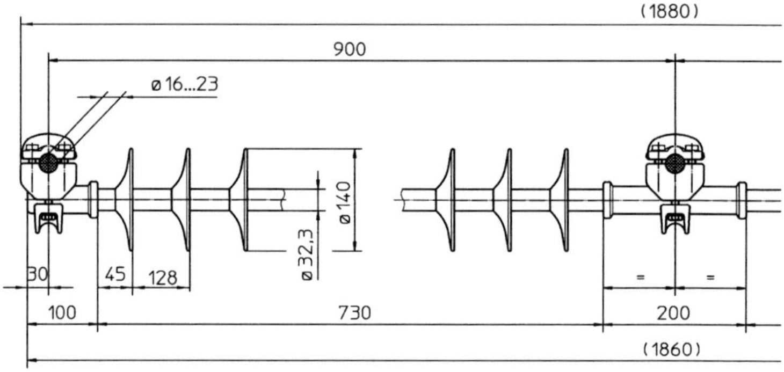

Abb. 5-5 Drehsteife Seilanbindung (Mittelspannung)

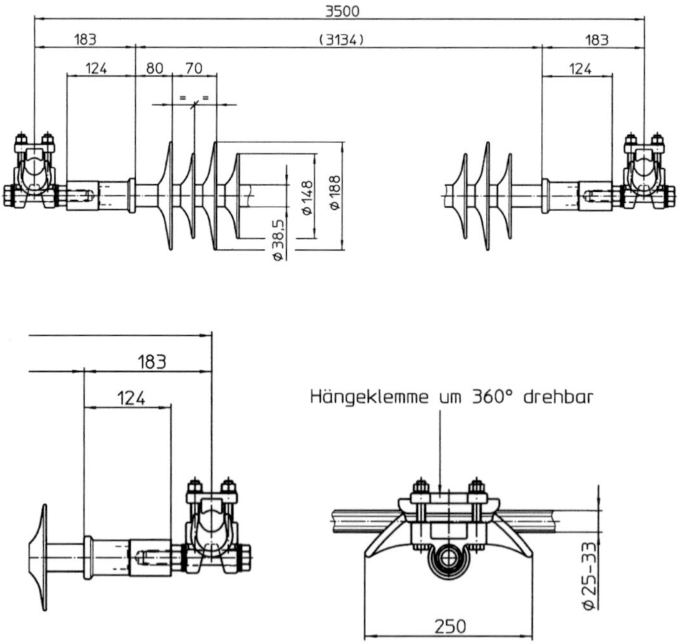

Abb. 5-6 Drehfreie Seilanbindung (Hochspannung)

abstandshalter durch die bei den oben geschilderten Belastungen entstehenden Drehmomente überbeansprucht werden.

Oft ist es vom Vorteil, die Länge des Phasenabstandshalters vor Ort leicht variieren zu können (Abb. 5-7). Damit können nicht vorhergesehene Montageprobleme oder kurzfristige Veränderung eines Maststandortes, z.B. in unwegsamem Gelände, schnell beseitigt werden.

Zum Teil werden recht komplizierte Konstruktionen eingesetzt insb. bei hohen Spannungen wenn z.B. Bündelleiter zum Einsatz kommen (Abb. 5-8), was spezifisches Know-how vom Hersteller erfordert.

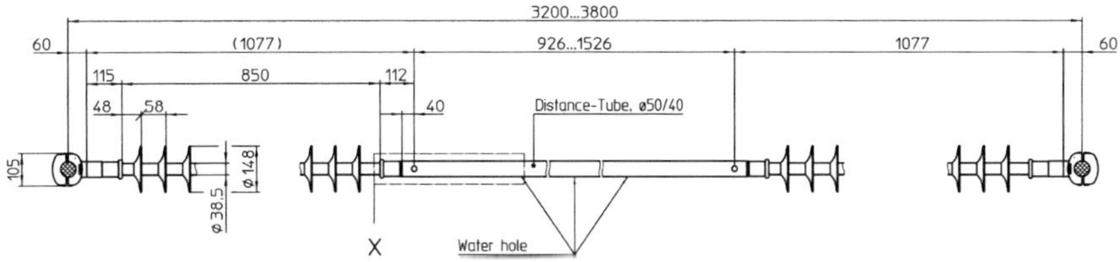

Abb. 5-7 PAH mit Möglichkeit der Variation der Anschlusslänge

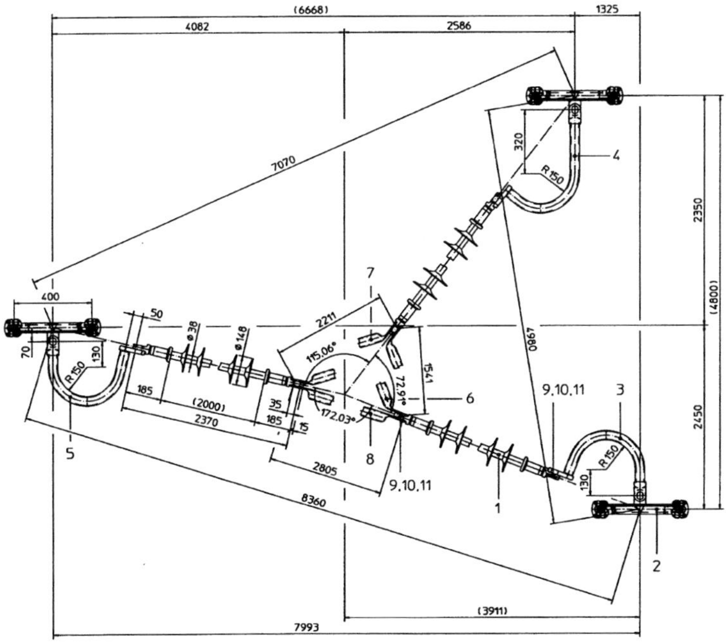

Abb. 5-8 PAH für sternförmige Anbindung der drei Phasen

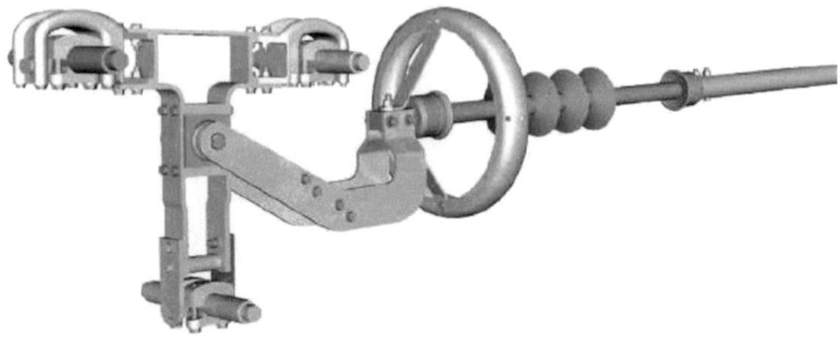

Abb. 5-9 Gelungene Integration der Schutzarmatur bei einem 420 kV PAH für ein Dreier-Bündel

In diesem Fall muss auch der störungssicheren Integration der oft erforderlichen Corona- und Lichtbogenschutzarmaturen besondere Beachtung geschenkt werden (Abb. 5-9).

5.4 Mechanische Auslegung von Phasenabstandshaltern

Phasenabstandshalter sind z. T. ganz anderen Belastungen ausgesetzt als die bis anhin besprochenen Isolatoren. PAH werden nämlich primär dynamisch durch Galloping, Eisabwurf und Kurzschluss beansprucht. Entsprechend müssen die dazugehörigen Kräfte bei der Dimensionierung der PAH berücksichtigt werden.

5.4.1 Galloping

Galloping ist eine durch Wind induzierte niederfrequente Seilschwingung mit recht hohen Amplituden, welche als stehende Welle (oft sogar in der Grundschwingung) auftritt. Ihre Frequenz liegt zwischen 0.1 bis 1 Hz und ihre Amplitude beträgt das 0.1- bis das 1-fache des statischen Durchhanges der betroffenen Spannweite, bei Mittelspannungsleitungen wurden Gallopingamplituden bis zum Vierfachen des Durchhanges beobachtet. Das Galloping wird hervorgerufen durch die Windanströmung von mässig starken, eher laminaren Winden auf ein asymmetrisches Eisprofil, das sich auf der Seiloberfläche gebildet hat. In wenigen Fällen wurde Galloping auch bei fehlendem Eisansatz beobachtet.

Seilgalloping spielt eine wichtige Rolle bei der Auslegung von Hochspannungsmasten was die erforderlichen Mastabstände aber auch was die

Mastbelastungen betrifft. Es können nämlich dabei grosse Lastunterschiede zwischen den Phasen auftreten, was zu erhöhten horizontalen und vertikalen, manchmal sogar zu Torsionsbelastungen des Mastes führen kann. Bei sehr grossen Schwingungsamplituden versagten schon mechanisch Seilaufhängearmaturen und Mastverbindungselemente. Gefährlich wird es, wenn durch Abrasion hervorgerufene Querschnittsabschwächungen von Isolatorenbolzen oder von U-Bügeln unentdeckt bleiben und erst z.B. bei einem Sturmereignis zu katastrophalen Schäden führen.

5.4.1.1 Galloping Amplituden

Zahlreiche Untersuchungen, Beobachtungen und Berechnungen haben zu folgenden Formeln geführt für die bei Galloping auftretenden Seilamplituden über dem Seildurchmesser [CIGRE TB 2007].

Für einfache Seile:

$$\frac{A_{S-S}}{\phi} = 80 \cdot \ln\left(\frac{8 \cdot f}{50 \cdot \phi}\right) \tag{5.1}$$

Für Bündelleiter (bis zu einer Windgeschwindigkeit von 10 m/s):

$$\frac{A_{S-S}}{\phi} = 170 \cdot \ln\left(\frac{8 \cdot f}{500 \cdot \phi}\right) \tag{5.2}$$

Dabei bedeuten $A_{s\text{-}s}$ die Schwingungsamplitude Spitze-Spitze [m], ϕ den Leiter- (bzw. Teilleiter-) Durchmesser [m] und f den statischen Durchhang [m] der beobachteten Spannweite bei 0°C.

5.4.1.2 Bauweisen

Phasenabstandshalter sind die am meisten eingesetzte Komponente um Galloping zu unterdrücken. So sind z.B. in Nordamerika seit ca. 1970 die verschiedensten Typen von Phasenabstandshaltern bei Freileitungen bis über 500 kV im Einsatz [Edwards and Ko, 1979]. Die erste Generation von Phasenabstandshaltern bestand aus Porzellanisolatoren, welche über ein Aluminiumrohr miteinander verbunden waren. Diese PAH waren schwer und somit schwer zu handhaben. Zudem versagten einige dieser PAH wegen hoher Druckkräfte, wie diese beim Galloping auftreten. Deswegen wurden als Ersatz PAH in Verbundbauweise eingeführt.

Der Leiteranschluss erfolgte dann mit Leitertragspiralklemmen (engl. *armour grip suspension* (AGS) *clamps*), um die lokale Beanspruchung der Seile an den Anschlussstellen der PAH zu reduzieren. Spätere Entwicklungen sorgten für mehr Flexibilität der PAH durch Gelenke, wobei das Metallrohr zunächst beibehalten wurde. Letztendlich wurde auch dieses zugunsten von einem silikonbeschichteten GFK-Stab ersetzt. In Abb. 5-10 und Abb. 5-11 sind solche PAH bei 230 kV und 500 kV Leitungen in Kanada im Betrieb [Pon & Havard 1994]. Man sieht, dass die Gelenke mit flexiblen Verbindern (*bonding straps*) zum Potenzialausgleich überbrückt wurden. Zudem wurden Koronaschutzringe an beiden Seilenden der PAH verwendet, um die dort herrschenden hohen Feldstärken zu reduzieren und eine Erosion der Silikonbeschirmung zu vermeiden.

Auch wenn die meisten PAH in etwa senkrecht eingebaut werden, wurden diese auch horizontal zwischen den Phasen montiert an Stellen wo Gallopingprobleme auftraten. So einen PAH bei einer 420 kV Leitung im Norden von Norwegen, wo es im Winter immer wieder Schäden gab, zeigt Abb. 5-12. Es handelt sich hier um einen starren PAH mit zwei „dicken" Verbundisolatoren und einem Verbindungsrohr aus Stahl. Der spezielle Anschluss an das Zweierbündel ermöglicht, dass die ursprüngliche Lage der Seile beibehalten bleibt.

5.4.1.3 Einbauempfehlungen

Die richtige Positionierung der PAH im freien Spannfeld ist von besonderer Bedeutung damit Überschläge bei Annäherung der Phasenseile vermieden werden. Viele PAH werden in Spanfeldmitte eingebaut, wo die höchsten Galloping-Amplituden auftreten. Das mag bei der Grundschwingung helfen, ist aber in der nächst höheren Harmonischen wenig wirkungsvoll, da sich gerade dort ein Schwingungsknoten befindet.

Es folgt ein Beispiel aus Deutschland, wo es horizontale, vertikale, wie

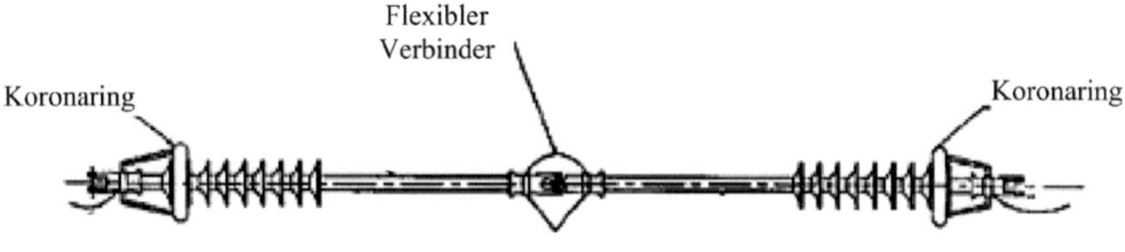

Abb. 5-10 PAH mit Verbundisolatoren bei 230 kV Leitungen in Kanada im Einsatz [Pon & Havard 1994]

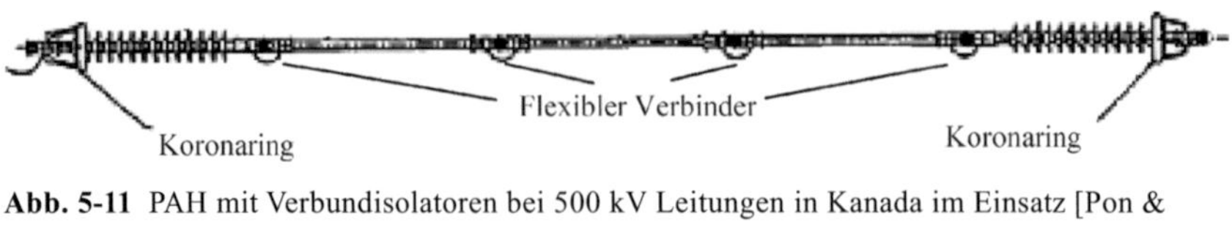

Abb. 5-11 PAH mit Verbundisolatoren bei 500 kV Leitungen in Kanada im Einsatz [Pon & Havard 1994]

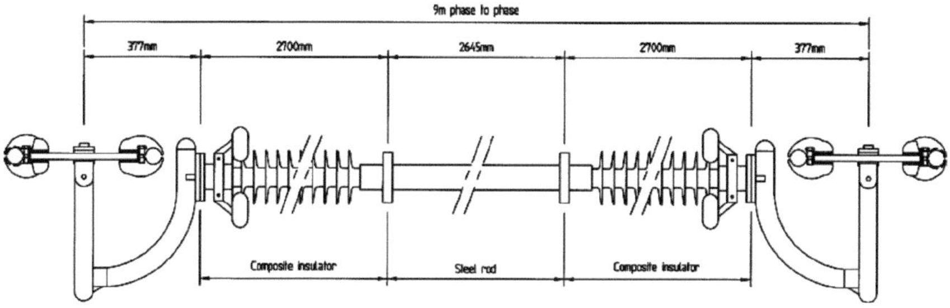

Abb. 5-12 PAH für ein 420kV Zweier-Bündel in Norwegen

auch Dreiecks-Phasenanordnungen gibt [Schmidt & Jürdens 1989]. Für letztere wird eine Einbauanordnung von PAH in Abb. 5-13 gezeigt, wie diese in mehr als 100 Spanfeldern in einer Leitung mit Zweierbündeln in Süddeutschland in Betrieb stehen, soweit bekannt mit positiven Erfahrungen.

In Abb. 5-14 werden zwei Alternativen mit jeweils zwei oder vier Abstandshaltern pro Spannweite fur eine vertikale Phasenanordnung gezeigt [Edwards & Ko 1979]. Feldversuche haben gezeigt, dass die Abstandshalter sowohl bei der ersten wie auch bei der zweiten Grundschwingung wirksam sind, allerdings wurde die Anordnung mit vier PAH gewählt, da diese ein Zusammenschlagen der Phasenseile an den Viertelpunkten der Spannweite bei gemischter Anregung besser verhindert.

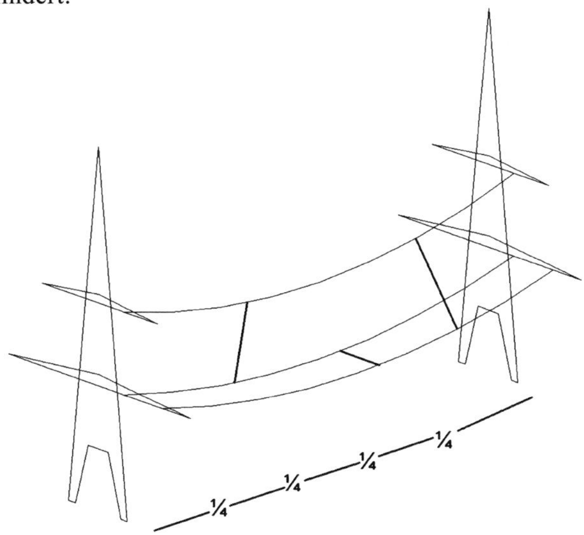

Abb. 5-13 Einbauanordnung von PAH bei dreieckiger Phasenanordnung (Deutschland) [Schmidt & Jürdens 1989]

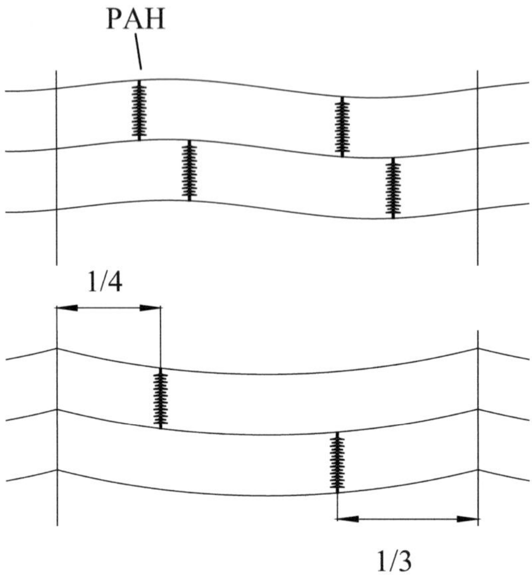

Abb. 5-14 Einbaualternativen von PAH bei vertikaler Phasenanordnung [Edwards & Ko 1979]

So eine gemischte Anregung, wie diese bei einem Galloping Vorfall bei Ontario Hydro beobachtet wurde, wird in Abb. 5-15 schematisch gezeigt. Man erkennt dass bei zwei PAH eine gefährliche Annäherung stattfinden kann und zwar genau dort wo die PAH eingebaut sind.

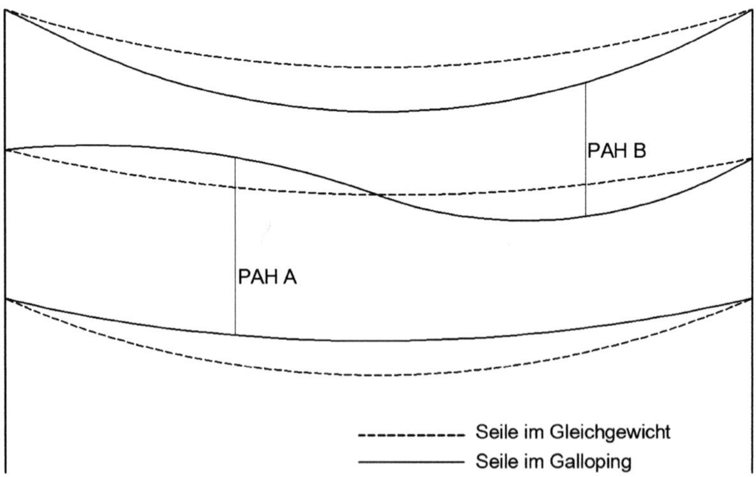

Abb. 5-15 Annäherung der Phasenseile bei zwei PAH und gemischter Galloping Anregung [Edwards & Ko 1979]

In den siebziger Jahren wurden in Ontario Hydro hauptsächlich an Leitungen mit einfachen Seilen grossangelegte Feldversuche mit PAH verschiedener Hersteller durchgeführt [Pon et al. 1982].

Die Messergebnisse, d.h. die Gallopingamplitude Spitze-Spitze, werden in Abb. 5-16 präsentiert einmal mit und einmal ohne PAH und zwar als statistischer Mittelwert von 10 unterschiedlichen Galloping Fällen pro Einbaustandort. Man erkennt generell eine Reduktion der Amplituden mit PAH, obwohl auch dann z. T. hohe Amplituden auftreten können.

Die gleichen Messdaten sind in Abb. 5-17 dargestellt, allerdings dividiert durch den statischen Durchhang des betreffenden Spannfeldes. Die maximalen Amplituden während dem Galloping werden durch den Einbau der Phasenabstandshalter von 52% auf 38% des Durchhanges reduziert.

5.4.1.4 Belastungen der PAH durch Galloping

Wie schon erwähnt, ist Galloping ein komplexer aerodynamischer Vorgang, welcher mit rein analytischen Methoden kaum zu beherrschen ist. Die Situation

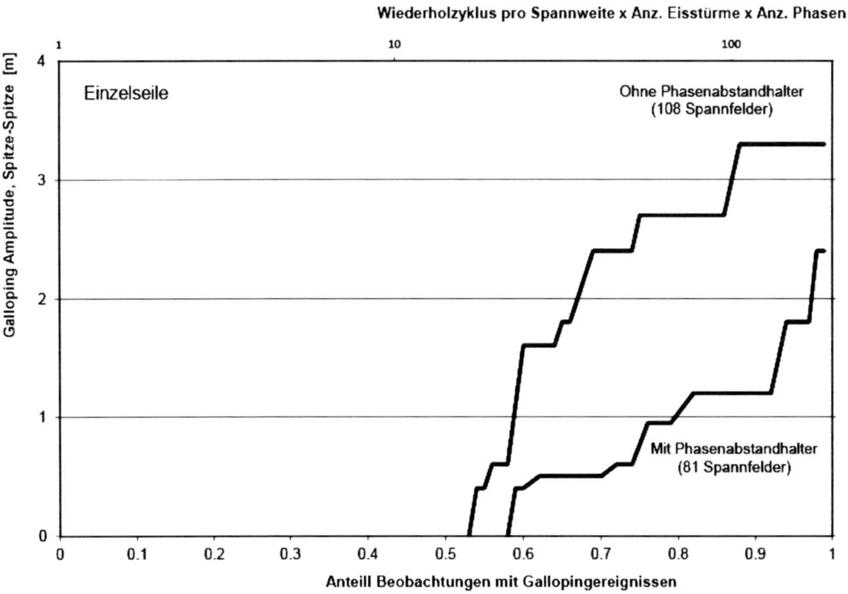

Abb. 5-16 Reduktion der Galloping-Amplituden (absolut) durch PAH [Pon et al. 1982]

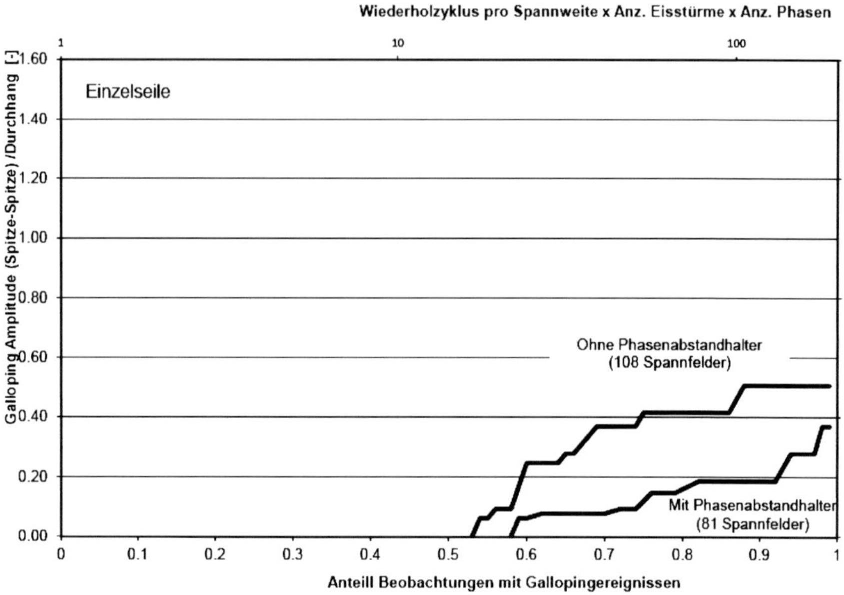

Abb. 5-17 Reduktion der Galloping-Amplituden (bezogen auf den statischen Durchhang) durch PAH [Pon et al. 1982]

wird erschwert, wenn die unter Galloping schwingenden Seile mit den PAH mechanisch wechselwirken, da in diesem Fall die dynamische Kopplung von zwei schwingungsfähigen Systemen vorliegt. Durch die Entwicklung in den letzten Jahren von leistungsfähigen Rechnern, gibt es inzwischen Simulationsmethoden, insb. die FEM, um solche Berechnungen durchzuführen [CIGRE TB 2007]. Andererseits ist es für den Leitungsbauingenieur hilfreich auch einfache Näherungsmethoden an der Hand zu haben, um erste überschlägige Berechnungen in einer frühen Projektphase durchführen zu können. So eine Berechnung wird hierunter vorgestellt [Kito et al. 1975].

Die mechanische Belastung des PAH wird dabei unter folgenden Annahmen untersucht:

- Der PAH ist in Spannfeldmitte eingebaut.
- Beide Teilspannfelder links und rechts vom PAH schwingen in der Grundharmonischen und zwar symmetrisch (Abb. 5-18).
- Die maximale Galloping Amplitude entspricht dem statischen Durchhang des jeweiligen Teilspannfeldes zwischen PAH und Mast.

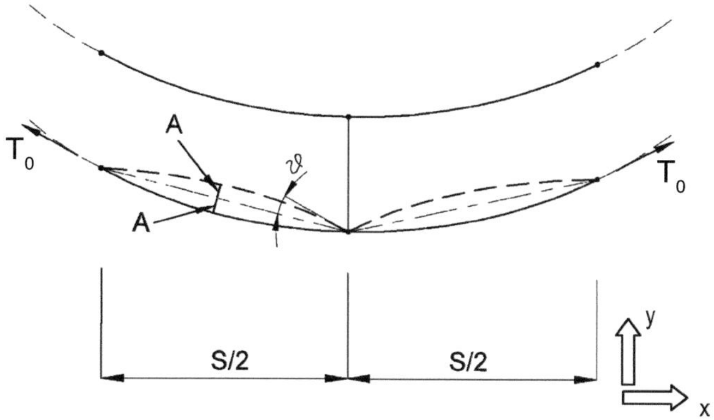

Abb. 5-18 Bestimmung der Druckkräfte auf dem PAH beim Galloping [Kito et al. 1975]

Für die Bewegung des Seiles während dem Galloping kann in erster Näherung die bekannte DGL der schwingenden Saite angenommen werden:

$$\frac{W}{g} \cdot \frac{\partial^2 y}{\partial t^2} - T_0 \cdot \frac{\partial^2 y}{\partial x^2} = 0 \tag{5.3}$$

Mit:
W: Seilgewicht
T_0: Horizontaler Seilzug
g: Erdbeschleunigung

Die Schwingungslinie des Seiles $y(t)$ ergibt sich daraus durch Einsetzen von $S/2$ als die Spannweite des Teilfeldes und A die maximalen Galloping Amplitude im besagten Teilfeld, zu:

$$y = A \cdot \sin\left(\frac{2\,\pi\,x}{S}\right) \cdot \cos(\omega\,t) \tag{5.4}$$

$$\omega = \frac{2\,\pi}{S} \cdot \sqrt{\frac{g \cdot T_0}{W}} \tag{5.5}$$

Daraus bekommt man die maximale Neigung der Tangente der Schwingungslinie am Einbauort ($t=0,\ x=0$) des PAH zu:

$$\tan(\vartheta) = \frac{\partial y}{\partial x}(x = 0, t = 0) = A \cdot \frac{2\pi}{S} \tag{5.6}$$

Unter der Annahme, dass hier $\sin\vartheta \approx \tan\vartheta$ ist und unter Berücksichtigung der bekannten Formel für den Durchhang A des Teilspannfeldes (Spannweite $S/2$), d.h.:

$$A = \frac{(W_c + W_i) \cdot (S/2)^2}{8 \cdot T_0} \tag{5.7}$$

bekommt man schliesslich für die auf den Phasenabstandshalter beim Galloping wirkende Druckkraft:

$$P = 2 \cdot T_0 \cdot \sin(\vartheta) = 2 \cdot T_0 \cdot \frac{\tan(\vartheta)}{\sqrt{1 + \tan(\vartheta)}} \approx \frac{\pi}{8} \cdot (W_C + W_i) \cdot S \tag{5.8}$$

5.4.2 Abwurf von Eislasten

Abwurf von Eis- oder Schneelasten kann zu schweren Schäden bei Freileitungen führen [Morgan & Swift 1964; Roshan Fekr et al. 1998; Su & Hu 1988]. In dem Moment wo das auf dem Seil sich angesetzte Eis plötzlich abgeworfen wird, springt das Seil nach oben und falls die Sicherheitsabstände zwischen den oben liegenden Phasen bzw. dem Erdseil überschritten werden, kann dies zu Überschlägen oder sogar zu Kurzschlüssen führen. In einigen Fällen umschlingt sogar die Isolatorenkette die Masttraverse, was zu einem Dauerkurzschluss führt. Neben diesen elektrischen Problemen kann der Eis- oder Schneeabwurf durch die dabei auftretenden hohen Kräfte ernsthafte Schädigungen der einzelnen Komponenten der Leitung (Seile, Isolatoren, Maste) verursachen.

Wenn sich Eis oder Schnee auf den Leiterseilen ansetzt, erhöhen sich der Seildurchhang und damit die im Seil gespeicherte Federenergie. Wird die Eis- oder die Schneelast abgeworfen, springt das Seil nach oben. Dabei unterscheidet man zwei Phasen: in der ersten Phase wird die im Seil gespeicherte Federenergie in kinetische Energie umgewandelt. In der zweiten Phase wird diese kinetische Energie in potentielle Energie umgewandelt bis das Seil seine maximale Sprungposition angenommen hat. Dabei erreichen die vertikale Seilamplitude, die Rotation der Isolatorenketten sowie die Erhöhung vom Seilzug schon innerhalb der ersten Schwingungsperiode ihre Maximalwerte, welche in den darauffolgenden Perioden auf Grund der Systemeigendämpfung relativ rasch abfallen.

Neben anderen Methoden um so etwas zu vermeiden, wie z.B. das erzwungene Schmelzen oder Entfernen vom Eis oder die eher unwirtschaftliche Erhöhung der Phasenabstände, hat sich der Einsatz von Phasenabstandshaltern in Verbundbauweise als praktisch erwiesen, [Edwards & Boyd 1965; Hardy & Bourdon 1980].

5.4.2.1 Stosskräfte auf die PAH

Wie im Falle vom Galloping, erkennt man auch hier, dass es sich um komplexe dynamische Vorgänge handelt, welche nur mit numerischen Simulationsmethoden – meistens FEM – angegangen werden können [Wang 1996].

Und wie beim Galloping, ist man auch in diesem Fall bemüht eine einfache analytische Methode für eine Erstabschätzung der Belastung und somit zur Dimensionierung der PAH zu finden. Das passiert im Folgenden mit einer energetischen Betrachtung vom Seil und vom PAH.

Die elastische Deformationsenergie U_s, welche in einem Seil mit dem Querschnitt A, der Länge L, dem Elastizitätsmodul E, belastet durch sein Eigengewicht w_c und einer Eislast w_i – was letztlich zu einer Zugkraft T im Seil führt – beträgt:

$$U_{\mathrm{s}} = \frac{1}{2} \frac{T^2 \cdot L}{E \cdot A} \tag{5.9}$$

Es wird angenommen, dass diese Energie, welche im Moment in dem das Eis abgeworfen wird freigesetzt wird, in erster Instanz zur Verformung (Biegung) des Phasenabstandshalters verwendet wird. Die Veränderung der potentiellen Energie bei der Seilbewegung, die Seileigendämpfung, die Bewegung der Maste und Isolatoren, sowie die ursprüngliche Verformung des PAH durch sein Eigengewicht und möglicherweise seine Eislast werden hier vernachlässigt.

Die Verformungsenergie E_b eines PAH kann somit berechnet werden und zwar unter der Annahme, dass das Biegemoment sinusförmig entlang des PAH verläuft und an seinen beiden Enden, da diese als gelenkig angenommen werden, den Wert Null annimmt:

$$M(x) = M_{\max} \sin\left(\frac{x}{L_{\mathrm{sp}}}\pi\right) \tag{5.10}$$

Dabei bedeuten x die Längenkoordinate des PAH, E_{sp} sein E-Modul, L_{sp} seine Länge und M_{max} das maximale Biegemoment in seiner Mitte ($x/2$).

Mit den bekannten Formen für die Biegeenergie U_b bekommt man wir nach Integration:

$$\begin{aligned} U_b &= \frac{1}{2}\int_0^{L_{sp}} \frac{M(x)^2}{E_{sp} I_{sp}} = \frac{M_{\max}^2}{2E_{sp} I_{sp}} \int_0^{L_{sp}} \left(\sin\left(\frac{x}{L_{sp}}\pi\right)\right)^2 \\ &= \frac{M_{\max}^2}{4E_{sp} I_{sp}} \int_0^{L_{sp}} \left(1 - \cos\left(\frac{2x}{L_{sp}}\pi\right)\right) dx = \frac{1}{4}\frac{M_{\max}^2 L_{sp}}{E_{sp} I_{sp}} \end{aligned} \tag{5.11}$$

Wird nun diese Energie mit der Federenergie U_s des gespannten Seiles gleichgesetzt, so kann nach dem maximalen Biegemoment M_{max} des PAH aufgelöst werden:

$$M_{\max} = \sqrt{2}T\left(\frac{L}{L_{\text{sp}}}\frac{E_{\text{sp}}}{E}\frac{I_{\text{sp}}}{A}\right)^{1/2} \tag{5.12}$$

Damit ergibt sich die maximal auftretende Biegespannung $\sigma_{\max}$ in der Mitte (*x/2*) des PAH, welcher einen Stabdurchmesser d_{sp} besitzt, zu:

$$\sigma_{\max} = \frac{M_{\max}}{\pi \cdot d_{\text{sp}}^3/32} \tag{5.13}$$

Diese Biegespannung muss um einen entsprechenden Sicherheitsfaktor kleiner sein als die Bruchspannung des GFK-Stabes im PAH (ca. 800-900 N/mm2). Ist das nicht der Fall, so müssen weitere PAH eingesetzt werden, womit die Seilenergie U_s auch auf diese verteilt wird und M_{max} and $\sigma_{\max}$ entsprechend reduziert werden.

Die höchste Belastung erfährt der PAH, wenn nur bei einer Phase die gesamte Eislast auf einmal abgeworfen wird. Feldversuche bei denen diese Bedingung nachgebildet wurde, haben gezeigt, dass, ähnlich wie beim Galloping, die Druckkraft auf dem PAH in etwa proportional ist einerseits zur Summe von Seileigengewicht und Eislast und andererseits zur Spannfeldlänge [Kito et al. 1975]. Abb. 5-19 zeigt die Ergebnisse von so einem Versuch mit einer simulierten Eislast von 44 N/m auf ein 182 m langes Spannfeld mit einem 240 mm^2 Stahl-Aluminium Seil, sog. ACSR (Seilmasse: 1.11 kg/m). Die dabei gemessene maximale dynamische Druckkraft auf den PAH betrug 4.4 kN.

5.4.3 *Elektrodynamische Kurzschlusskräfte*

Phasenabstandshalter werden auch erfolgreich eingesetzt, um die elektrisch erforderlichen Sicherheitsabstände während einem Kurzschluss einzuhalten. Wichtig ist es dabei, dass die PAH im betroffenen Spannfeld richtig positioniert werden.

Die beim Kurzschluss auftretenden Kräfte zwischen den Phasenseilen belasten die PAH primär auf Druck (hängt von der Stromrichtung, d. h. vom Fehler ab, Zug ist auch möglich, wenn sich die Leiterseile abstossen). Zudem können die PAH durch die dabei auftretenden schlagartigen Wellenbewegungen gebogen werden. Da es sich hier um einen komplexen elektromechanischen, dynamischen Vorgang handelt, ist es nicht einfach die auf die PAH wirkende Kräfte zu ermitteln. Man behilft sich dabei mit Versuchen und numerischen

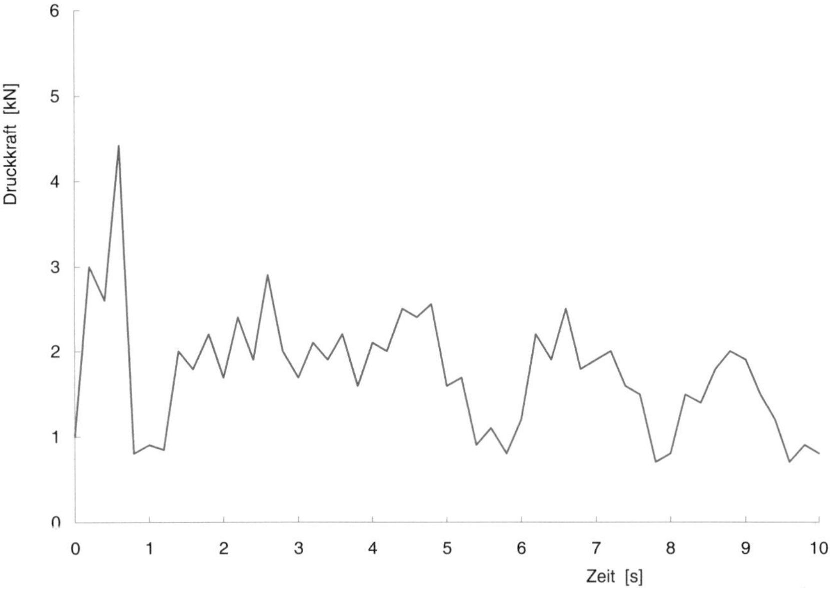

Abb. 5-19 Verlauf der Druckkraft eines PAH bei plötzlichem Eisabwurf [Kito et al. 1975]

Simulationsberechnungen. Andererseits ist auch für diesen Fall eine Überschlagsrechnung vorhanden und von Vorteil [Lilien & DalMaso 1990].

Die folgende Berechnung basiert auf dem zweipoligen Kurzschluss, welcher was die elektrodynamischen Kräfte betrifft, insb. für eine horizontale Phasenanordnung mit dem dreipoligen Kurzschluss fast gleichwertig ist [Papailiou 1989]. Die Geschwindigkeit des sich bewegenden Seiles am Ende vom Kurzschluss, wird durch Integration der durch die Kurzschlusskraft hervorgerufenen Seilbeschleunigung ermittelt. Die längenbezogene Kurzschlusskraft *F(t)* [N/m] lässt sich für die einfache Anordnung zweier parallelen Leiter in einem Abstand d [m] zueinander, welche vom Strom *i(t)* [kA] durchflossen werden, mit der folgenden Zahlenwertgleichung berechnen:

$$F = \frac{0{,}2 \cdot i(t)^2}{d} \quad \text{[N/m]} \tag{5.14}$$

Darin beträgt der Kurzschlussstrom *i(t)* in erster Näherung:

$$i(t) = \sqrt{2} \cdot I_{\text{eff}} \sqrt{\frac{1}{2} + e^{-\frac{2 \cdot t}{\tau}} \cdot \sin^2 \varphi} \tag{5.15}$$

Dabei ist τ [s] die Zeitkonstante des Kurzschlusskreises.

Andererseits ruft nach Newton die Kraft *F(t)* auf ein Seil mit der – längenbezogen – Masse *M* [kg/m] eine Beschleunigung *b* [m/s²] hervor:

$$b = \frac{0{,}2 \cdot i(t)^2}{d \cdot M} \tag{5.16}$$

Am Ende der Kurzschlussdauer t_{sc} [s], wird das Seil, unter der Annahme von einem voll asymmetrischen Kurzschluss, d.h. sinφ=1, die Geschwindigkeit υ [m/s] erreicht haben:

$$\upsilon = \int_0^{t_{sc}} b \cdot \mathrm{d}t \approx \frac{0{,}2 \cdot I_{\mathrm{eff}}^2 \cdot (t_{sc} + \tau)}{d \cdot M} \tag{5.17}$$

Unter der Annahme, dass die gesamte Energie vom Kurzschluss vollständig in die kinetische Energie des Seiles umgewandelt wird, d.h. die Seildehnung beim Kurzschluss, die Seilerwärmung sowie die Veränderung der potentiellen Energie des Seiles vernachlässigt werden, ergibt sich die gesamte kinetische Energie des Seiles in einem Spannfeld am Ende des Kurzschlusses U_{sc} [Joules] aus der Integration von $M\upsilon^2/2$ über der Spannfeldlänge *L* [m]. Auch für diesen Schritt wird eine konstante Seilgeschwindigkeit über dem gesamten Spannfeld angenommen, evtl. mit einem Reduktionsfaktor von 0.75, um Endeffekte zu berücksichtigen:

$$U_{sc} = \frac{1}{2} \cdot M \cdot \left[\frac{0{,}2 \cdot I_{\mathrm{eff}}^2 \cdot (t_{sc} + \tau)}{d \cdot M}\right]^2 \cdot \frac{3 \cdot L}{4} \tag{5.18}$$

Die Biegedeformationsenergie U_b von n_{sp}-Stück in einem Spannfeld eingebauten PAH wird, wie im vorigen Abschnitt, unter der Annahme einer Sinusverteilung des Biegemomentes über den PAH und einer beidseitigen gelenkigen Lagerung des PAH, berechnet zu:

$$U_{\mathrm{b}} = \frac{n_{\mathrm{sp}}}{4} \cdot \frac{M_{\mathrm{max}}^2 L_{\mathrm{sp}}}{E_{\mathrm{sp}} I_{\mathrm{sp}}} \tag{5.19}$$

Mit:

U_b: Biegedeformationsenergie eines PAH [Joule]
n_{sp}: Anzahl der PAH in einer gegebenen Spannweite
E_{sp}: E-Modul eines PAH [N/m²]
M_{max}: Maximales Biegemoment des PAH [Nm]
I_{sp}: Flächenträgheitsmoment des PAH [m⁴]

Durch Gleichsetzen von U_{sc} und U_b erhält man die eigentliche Dimensionierungsgrösse für die PAH im Kurzschlussfall, das maximale Biegemoment M_{max}. Daraus ergibt sich der erforderlichen Stabdurchmesser der dazugehörigen Verbundisolatoren wie im obigen Abschnitt über Eisabwurf gezeigt.

Es gibt leider kaum Veröffentlichungen über das Kurzschlussverhalten von PAH eingebaut in Freileitungen. Eine Ausnahme ist die Veröffentlichung von [Dalle 1985].

Dalle hat die Bewegungen beobachtet von den in einem experimentellen Spannfeld eingebauten Seilen und PAH. Dieses Spannfeld von 150 m Länge war Teil einer 68-90 kV Freileitung mit 228 mm^2 Aldrey Seilen (ASTER) mit einem vertikalen Phasenabstand von 3 m und je einem PAH in der Mitte des Spannfeldes. Der Dauerkurzschlussstrom betrug 20 kA mit einer Kurzschlussdauer von jeweils 105, 305 und 505 ms. Die Versuchsergebnisse sind in Tab. 5-2 zusammengefasst.

Offensichtlich werden die Seilbewegungen durch den Einbau der PAH stark reduziert. Zudem hat Dalle, auch über eine Energiebetrachtung, die erforderliche Anzahl von PAH für zwei Seiltypen (ASTER 228 und 570, Phasenabstand 3 m) und für verschiedene Spannweiten, berechnet (Abb. 5-20).

Es sind auch einige Informationen vorhanden über das Verhalten von PAH bei Kurzschluss, wenn diese in Freiluftschaltanlagen mit Leitungsseilen (als flexible Sammelschienen) eingebaut sind. Dort nehmen nämlich die Kurzschlussströme und die dazugehörigen Kurzschlusskräfte besonders hohe Werte an, was zu beachtlichen Beanspruchungen der PAH führt.

Ein solcher Fall wird in einem Bericht der CIGRE Task Force ESCC (*Effects of Short Circuit Currents*), beschrieben [CIGRE TB 2002]. Es handelt sich dabei um ein 40 m langes Spannfeld, was unter Kurzschluss mit einem Anfangskurz-

Tab. 5-2 Versuchsergebnisse der Auslenkung der PAH beim Kurzschluss

Kurzschluss-dauer (ms)	Max. horizontale Verschiebung (m)				Phasenannäherung (m)		Verschiebung PAH (m)	
	Unteres Seil		Oberes Seil					
	ohne PAH	mit PAH	ohne PAH	mit PAH	ohne PAH	mit PAH	ohne PAH	mit PAH
105	2,30	0,60	2,70	0,80	−0,50	0,40	0,50	0,30
305	3,5	1,30	6,60	1,70	−3,00	−0,10	1,00	0,60
505	3,90	1,30	8,20	1,80	−1,80	1,20	2,2	1,00

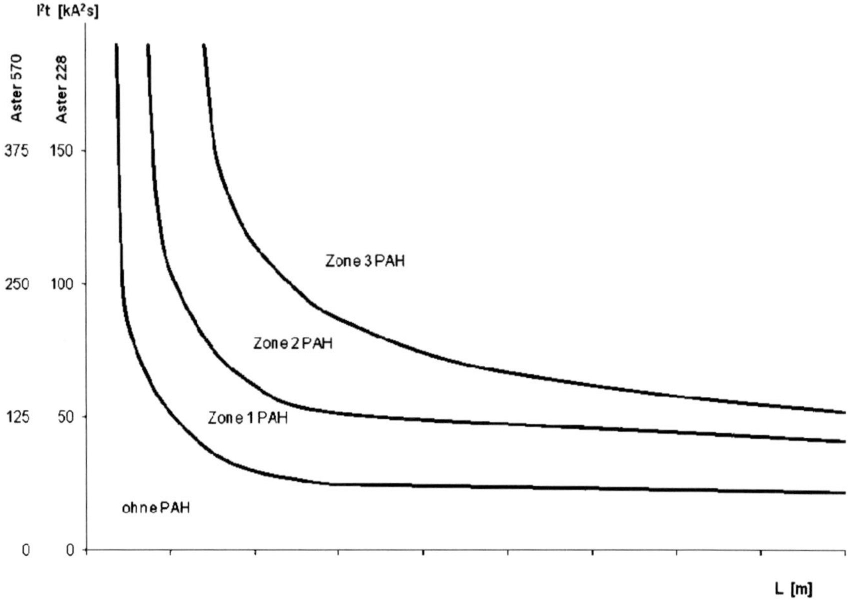

Abb. 5-20 Diagramm zur Bestimmung der Anzahl der erforderlichen PAH bei Kurzschluss Dalle 1985

schlussstrom von 28.5 kA und einer Kurzschlussdauer von 103 ms. Untersucht wurden rechnerisch die ersten 2 bis 3 s dieses dynamischen Vorganges.

Zunächst wurde die Berechnung ohne PAH durchgeführt. Die FEM-Berechnung lieferte für die maximale Seilauslenkung in Spanfeldmitte einen Wert von 1,12 m. Dieser stimmt gut überein sowohl mit den Messungen wie auch mit der Berechnung nach IEC 60865-1 welche 1,27m lieferten.

Andererseits beträgt im Kurzschlussfall der Mindestphasenabstand bei einer 110 kV Anlage 0.55 m. [Declercq 1998]. Wenn nun die Seilauslenkung von 1,27 m erwartet wird, heisst das, dass die Phasen zusammenschlagen werden, was zu einem doppelten Kurzschluss führen kann.

Dieses Problem kann wie folgt angegangen werden:

- Erhöhung des Phasenabstandes von 2,0 m auf 2,75 m
- Kürzung der Spanweite von 40 m auf 23 m (z.B. durch den Einbau von Zwischenportalen)
- Reduktion des Kurzschlussstromes I_{k2} von 28,5 kA auf 18,2 kA.

Alle drei Massnahmen erfordern wesentliche Modifikationen und somit höhere Kosten der Schaltanlage. Eine preisgünstige und leicht umsetzbare Alternative ist der Einbau von PAH aus Verbundisolatoren in Spannfeldmitte. Folgender Isolator wurde in der neuen Berechnung berücksichtigt:

- Anschlusslänge 1300 mm
- Stabdurchmesser 36 mm
- E-Modul 34000 N/mm^2
- Gewicht 12.4 kg

Alle anderen Parameter wurden beibehalten. Durch den Einbau vom PAH, verschob sich die maximale Seilauslenkung von der Spannfeldmitte – da dort die gegenseitige Seilbewegung durch den PAH unterdrückt wird – auf die Viertelpunkte des Spannfeldes und gleichzeitig reduzierte sie sich auf ca. die Hälfte, d.h. auf den akzeptablen Wert von 0.5 m.

In Abb. 5-21 sind die auf den PAH wirkenden Kräfte, hervorgerufen durch die Seildynamik, gezeigt. Trotz einem relativ hohen Oberwellengehalt bleiben diese Kräfte sogar bei einem Kurzschlussstrom von I_{k2} = 40 kA gut unterhalb der Euler'schen Knickkraft von 16 kN dieses Abstandhalters.

5.4.4 Das Knickverhalten von Phasenabstandshaltern

Phasenabstandshalter erfahren oft Druckbelastungen. Das bedeutet für die frühen PAH aus Porzellan, dass sie unter Knicken katastrophal versagen, wie dies der Fall für Materialien mit kleiner Bruchdehnung wie Porzellan ist,

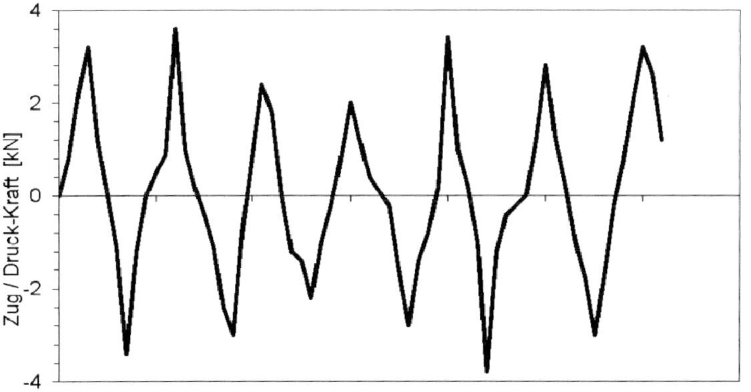

Abb. 5-21 Verlauf der Belastung des PAH beim Kurzschluss (numerische Simulation) [Declercq 1998]

sobald die Druckbelastung die Eulerlast überschreitet. Letztere ist von den Auflagerbedingungen des PAH abhängig und wird aus einem Stabilitätsansatz gewonnen.

Moderne Phasenabstandshalter mit Verbundisolatoren dagegen, können Druckbelastungen, die um Einiges höher als die kritische Euler-Last liegt, aushalten und zwar deswegen, weil deren GFK-Stab eine recht hohe Bruchdehnung besitzt. Aus diesem Grund ist es wichtig das Verhalten der PAH nach Überschreiten der Euler-Last zu verstehen, was bis anhin nicht untersucht worden ist.

Abb. 5-22 zeigt die Ausgangssituation. Ein ursprünglich gerader, dehnsteifer Stab mit Länge L, Elastizitätsmodul E und Flächenträgheitsmoment I wir mit der Kraft P auf Druck belastet. Der Stab ist so gelagert, dass seine beiden Enden entlang der ursprünglich unverformten, geraden Stabachse sich drehfrei bewegen können. Gesucht sei die Biegelinie des Stabes. Zur Lösung dieses Problems wird mit Vorteil der Altmeister bemüht, der in [Timoshenko & Gere 1961], das gleiche Problem behandelt, wobei aus Symmetrieüberlegungen die Hälfte des Knickstabes untersucht wird (Abb. 5-23).

Es wird in Erinnerung gerufen, dass die Bestimmung der Euler'schen Knicklast unter der Annahme einer quantitativ nicht weiter ermittelbaren Durchbiegung $y(x)$ erfolgt und zwar deswegen, weil für die Stabkrümmung $\kappa(x)$ die

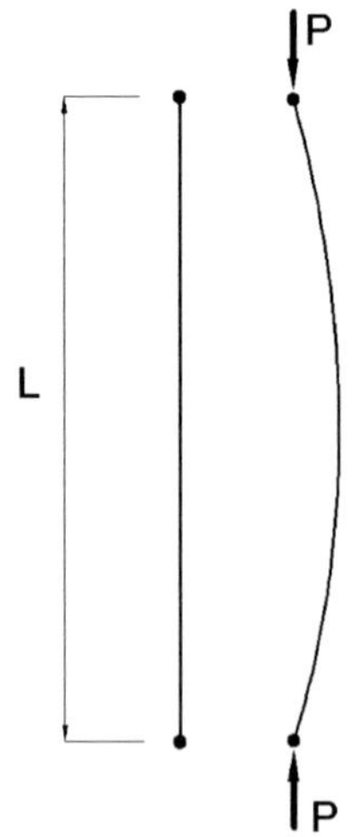

Abb. 5-22 Statisches System und Belastung eines schlanken PAH

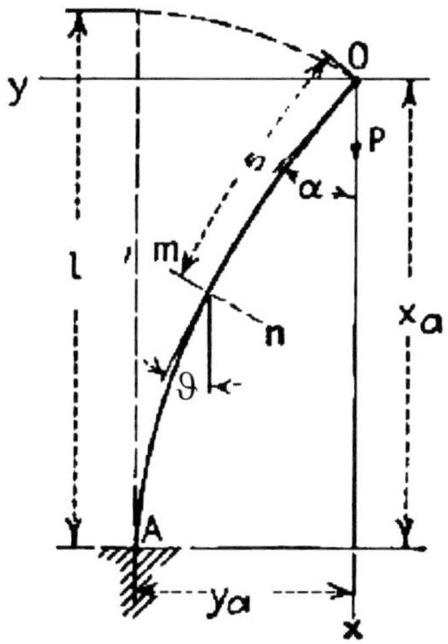

Abb. 5-23 Parameterdefinition des Druckstabes [Timoshenko & Gere 1961]

übliche Euler-Bernoulli Näherung verwendet wird, nämlich:

$$\kappa(x) = \frac{\mathrm{d}^2 y(x)}{\mathrm{d}x^2} \tag{5.20}$$

Wird dagegen der exakte Ausdruck für die Krümmung verwendet, ist es möglich die Stabdurchbiegung zu bestimmen. Mit den Bezeichnungen von Abb. 5.23 beträgt die „exakte“ Krümmung:

$$\kappa(s) = \frac{\mathrm{d}\vartheta}{\mathrm{d}s} \tag{5.21}$$

Und die „exakte“ Differentialgleichung (DGL) des Druckstabes:

$$EI \cdot \frac{\mathrm{d}\vartheta}{\mathrm{d}s} = -P \cdot y \tag{5.22}$$

bzw. nach Einführung des Parameters $k^2 = \frac{P}{EI}$ (5.23) und unter Berücksichtigung von $\frac{\mathrm{d}y}{\mathrm{d}s} = \sin\vartheta$ (5.24):

$$\frac{\mathrm{d}^2\vartheta}{\mathrm{d}s^2} = -k^2 \cdot \sin\vartheta \tag{5.25}$$

Die Lösung dieser DGL liefert den Euler-Winkel ϑ, so genannt zu Ehren des grossen Schweizer Mathematikers Leonhard Euler, welcher sich schon anno 1739 mit diesem Problem befasst hat. Das ist die gleiche DGL zur exakten Beschreibung einer Pendelschwingung, was als die Kirchhoff'sche Analogie bekannt ist. Allerdings erfordert die Lösung den Einsatz von elliptischen Integralen. Der Rechengang ist in [Timoshenko & Gere 1961] ausführlich beschrieben, deswegen beschränkt man sich auf die Zusammenfassung. Zudem wird erstmalig hier eine „Faustregel" zur Auswahl von Phasenabstandshaltern angegeben.

Zunächst wird ein weiterer Parameter p eingeführt:

$$p = \sin\frac{\alpha}{2} \tag{5.26}$$

Mit α den maximal auftretenden Eulerwinkel an der Stelle der Krafteinleitung. Für jeden vorgegebenen Winkel α, kann k und somit die zu α gehörende Kraft P bestimmt werden und zwar aus der Gleichung:

$$\ell = \frac{1}{k} K(p) \tag{5.27}$$

Mit $K(p)$ dem elliptischen Integral dem vollständigen elliptischen Integral 1. Art, wessen Werte – in Abhängigkeit von p – nur tabellarisch angegeben werden können.

Dabei muss beachtet werden, dass die Stablängedes L beidseitig gelenkig gelagerten Phasenabstandshalters mit ℓ aus Abb. 5-23 wie folgt zusammenhängt:

$$L = 2 \cdot \ell \tag{5.28}$$

Die maximale Auslenkung in Stabmitte y_a erhält man anschliessend aus der Gleichung:

$$y_a = \frac{2 \cdot p}{k} \tag{5.29}$$

Die dabei entstehende Stabstauchung x_a ergibt sich aus:

$$x_a = \frac{2}{k} E(p) - \ell \tag{5.30}$$

mit $E(p)$ dem vollständigen elliptischen Integral der 2. Art, ebenfalls nur tabellarisch verfügbar.

Tab. 5-3 Druckkraft und Verformungen eines Knickstabes in Abhängigkeit von α

α	0°	20°	40°	60°	80°
P/P_{Euler}	1	1,015	1,063	1,152	1,293
x_α/l	1	0,970	0,881	0,741	0,560
y_α/l	0	0,220	0,422	0,593	0,719

In der folgenden Tabelle 5.3 aus [Timoshenko & Gere 1961] sind angegeben für einige Winkel α, einerseits die Werte von y_a im Verhältnis zu ℓ und andererseits von P im Verhältnis zu der dazugehörigen Euler'schen Knickkraft:

$$P_{\text{Euler}} = \frac{\pi^2 \cdot EI}{4 \cdot \ell^2} \tag{5.31}$$

Zur sicheren Dimensionierung des PAH muss die maximale Biegespannung $\sigma_{b,max}$ kleiner als die zulässige Biegespannung $\sigma_{b,zul}$ des GFK-Kernes sein, also:

$$\sigma_{\text{b,max}} = \frac{M_{\text{max}}}{W} = \frac{P \cdot y_a}{I/(d/2)} \tag{5.32}$$

Werden in dieser letzten Gleichung sowohl P und y_a als auch mittlere Materialwerte für E und $\sigma_{\text{b,zul}}$ (z.B. E =35000 N/mm² und $\sigma_{\text{b,zul}}$ = 800 N/mm²) und beschränkt man zudem aus konstruktiven Überlegungen (s. Abbildung 5.24) den Winkel α zu $\alpha_{\text{max}} = 80°$, so ergibt sich folgende Faustformel für die Auswahl eines „sinnvollen“ Kerndurchmessers d bei vorgegebener (aus elektrischen Überlegungen wie in Abschnitt 5.5.1 erläutert) PAH-Länge L:

$$d \geq L/100 \tag{5.33}$$

Der so dimensionierte PAH kann ohne bleibende Verformung Druckkräfte welche bis ca. 30% oberhalb „seiner“ Euler'schen Knickkraft liegen, aufnehmen (s. Tab. 5-3: für α = 80° ergibt sich P/P_{Euler}=1,293). Auch wenn die meisten PAH konservativ mit der Euler'schen Knicklast als Grenzbelastung dimensioniert werden, ist es wichtig zu wissen, dass es doch je nach Stabdurchmesser eine Lastreserve gibt und vor allem, dass das Nachknickverhalten eines PAH stabil ist.

Die Beschränkung des Winkels α – und somit die Beschränkung der noch annehmbaren Verformung des PAH – ist aus konstruktiven Gründen erforderlich. Auch wenn der GFK-Kern höhere Verformungen zulassen würde, würden solche extreme Verformungen die Anschlussarmaturen des PAH an das Leiterseil stark beanspruchen bzw. beschädigen. Das zeigen Ergebnisse von Feldversuchen bei einer Versuchsleitung von IREQ in Kanada. Konkret wurden die Leiterseile durch geeignete Massnahmen zu starkem Galloping angeregt, was die PAH extrem belastet hat (Abb. 5-24) und zu Beschädigung der Anschlussarmaturen führte (Abb. 5-25). Auch ein Ablösen der Silikonhülle sei bei diesen starken Stabverkrümmungen vor allem auf der Druckseite des Stabes denkbar.

Das eben beschriebene Nachknickverhalten von PAH wurde durch eigene Versuche untermauert. Dabei wurde ein 3124 mm langer GFK-Stab von 31.5 mm Durchmesser mit den üblichen Stahlarmaturen versehen und wie in Abb. 5-26 gezeigt vertikal belastet. Der Stab verhielt sich auch nach Überschreiten seiner Euler'schen Knickkraft von ca. 2 kN um mehr als 30% (2670 N) „gutmütig“ und kehrte nach der Entlastung auf seine ursprüngliche gerade Form zurück.

5.5 Elektrische Auslegung von Phasenabstandshaltern

5.5.1 Mindestlänge

Die Mindestlänge eines PAH wird im Wesentlichen durch die Nennspannung der betreffenden Leitung, sowie durch den Durchhang des Spannfeldes in welchem der PAH eingebaut ist, bestimmt. In der Schweizerischen Leitungsverordnung [LeV 1994] werden PAH namentlich erwähnt und es wird darin folgende Formel zur Bestimmung deren Mindestlänge angegeben:

$$z = k \cdot \sqrt{d_f} + C_3 \geq C_1 \tag{5.34}$$

Abb. 5-24 Stark verformter PAH

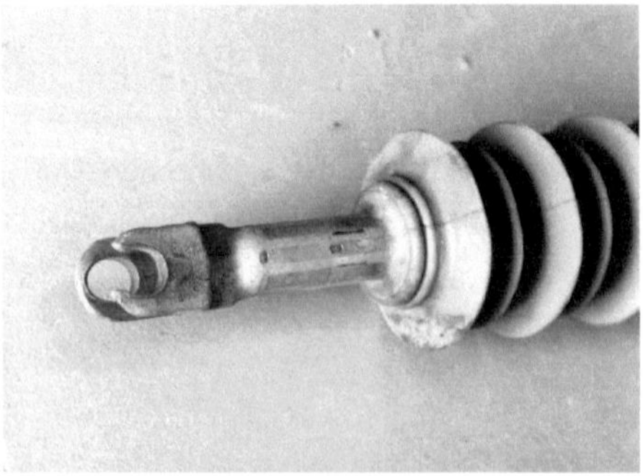

Abb. 5-25 Beschädigte Endarmatur eines PAH

Abb. 5-26 Stauchung eines 31.5 mm Stabes mit ca. 2000 N

Darin bedeuten:

z Länge des PAH, mindestens 0.9 m

d_f maximaler Durchhang in dem Teilspannfeld zwischen zwei PAH bzw. zwischen einem PAH und dem nächstgelegenen Mast.

k Korrekturfaktor abhängig vom Seiltyp, vom Seildurchmesser und dem Winddruck

C_1, C_3 Konstante abhängig von der Nennspannung der Leitung

Diese Faktoren k sind in den Diagrammen 2.4.2 und 2.4.3 und die Konstanten C_1 und C_3 in der Tabelle 2.4.1 der eben zitierten Leitungsverordnung zu finden.

5.5.2 Koronaeffekte

Liegen reduzierte Phasenabstände – insbesondere wenn es um eine Leitungskompaktierung geht – durch den Einbau von PAH vor, erhöht sich die elektrische Feldstärke an der Seiloberfläche und somit die Möglichkeit von Koronaentladungen. Zudem unterliegen die PAH der – höheren – verketteten Spannung. Numerische Feldsimulationen haben gezeigt, dass die Feldverteilung entlang eines PAH anders aussieht als entlang einer vergleichbaren Hängekette. Die Feldstärke verläuft beim PAH zwar symmetrisch zur PAH-Mitte, ist aber ungleichmässiger als bei einer Hängekette und weist auch höhere Werte in der Nähe der Seilarmaturen auf. Da dies einen – unerwünschten – Phasenüberschlag begünstigt, wird empfohlen an beiden Enden des PAH, auch bei tieferen Nennspannungen, Koronaschutzringe zu installieren. In Abb. 5-27 sind

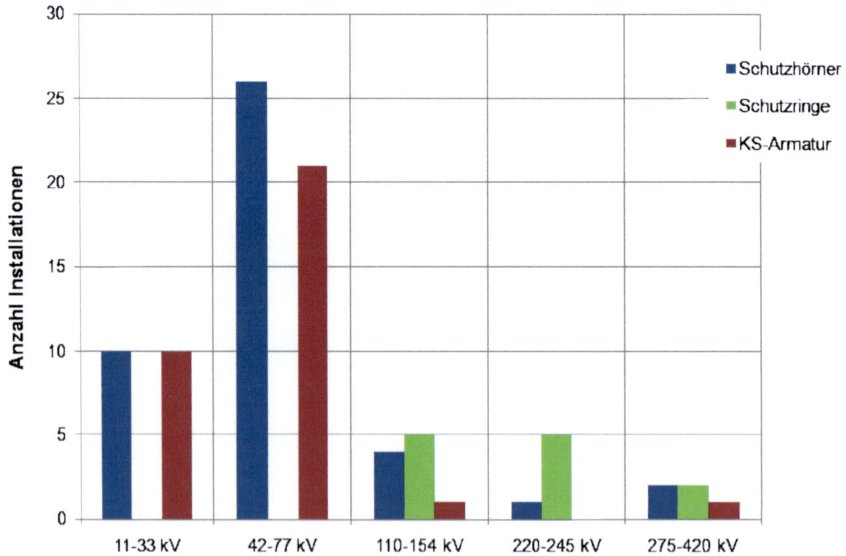

Abb. 5-27 Verwendung von verschiedenen Schutzarmaturen bei PAH je nach Spannungsebene

zusammenfassend dargestellt, die nach der CIGRE-Erhebung [ELECTRA 1992] bei Phasenabstandshaltern je nach Nennspannung verwendeten Schutzarmaturentypen (Schutzhörner, Schutzringe, Kurzschlussarmaturen).

5.5.3 Verschmutzung

Üblicherweise wird der Kriechweg von Isolatoren, welche der Leiter-Erd-Spannung ausgesetzt sind, mit einer Sicherheitsmarge von 20 bis 30% versehen. Entsprechend wird der Kriechweg von PAH, die der um den Faktor √3 höheren verketteten Spannung unterliegen, mit einer ähnlichen Marge versehen. Wiederum aus der CIGRE-Erhebung sind in Tab. 5-4 die Anschlusslänge,

Tab. 5-4 Kriechwegangaben bei verschiedenen PAH im Betrieb

Netzbetreiber	Höchste Betriebsmittel-spannung (kV)	Anschlusslänge (mm)	Kriechweg (mm)	Spez. Kriechweg (mm/kV)
Tokyo Electric Power Co. Inc.	72,5	2200	4580	63,2
Tokyo Electric Power Co. Inc.	72,5	2400	5080	70,1
Tokyo Electric Power Co. Inc.	72,5	3000	4080	56,3
Hokuriku electric Power Co. Inc.	85	2240	3500	41,2
VEW Dortmund	123	4315	5820	47,30
Österreichische El.wirtschafts AG.	123	5446	5700	46,30
Österreichische El.wirtschafts AG	123	6800	7000	56,9
Hokuriku electric Power Co. Inc.	170	3760	7940	46,7
VEW Dortmund	245	5600	10 002	40,8
Trans Power	245	5300	5760	23,5
E.D.F.	245	5432	6811	27,8
Lech El.wirtschafts AG	245	3100	9020	36,8
BKW AG	420	8500	9500	20,2
E.D.F.	420	12 400	14 595	34,8
Norwegian State Power Board	420	5384	7544	18,0

der Kriechweg sowie der spezifische Kriechweg, für ausgesuchte PAH bei verschiedenen Netzbetreibern zusammengestellt.

5.6 Anwendungen

Die folgenden Beispiele entstammen den Berufserfahrungen des Verfassers und sollen einige typische Anwendungen von Phasenabstandshaltern demonstrieren.

5.6.1 Kompaktleitung für Mittelspannung

Auch in der Schweiz, wie in vielen anderen Industrienationen ist es schwierig die Durchleitungsrechte für neue Leitungstrassen zu bekommen. Ein Lösungsansatz besteht darin die Übertragungskapazität einer bestehenden Leitung zu erhöhen, indem man z.B. einen zweiten Stromkreis am gleichen Mastgestänge aufhängt. In dem hier vorgestellten Fall konnten Betonmast und Betontraversen nach Abb. 5-28a von der mechanischen Festigkeit her einen zweiten 12 kV Stromkreis mittragen, aber die elektrisch erforderlichen Phasenabstände in Spannfeldmitte wären dann unterschritten. Durch die Installation von passenden PAH mit Silikonverbundisolatoren alle 40 m (Abb. 5-28c) konnte dieses Problem gelöst und ein Mastbild nach Abb. 5-28b ermöglicht werden. In der Zwischenzeit sind in der Schweiz Tausende von solchen PAH seit vielen Jahren erfolgreich in Betrieb (Abb. 5-29).

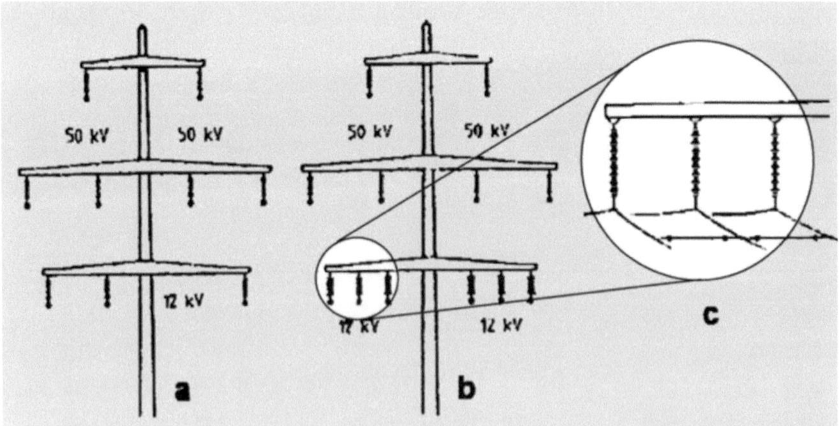

Abb. 5-28 PAH für Mittelspannungsleitungen in der Schweiz (Prinzipskizze) [Papailiou 1997b]

Abb. 5-29 ...und im erfolgreichen Einsatz

In einem ähnlich gelagerten Fall, wurden PAH zur Einhaltung der erforderlichen Sicherheitsabstände bei einer etwas überfüllten Trasse der Deutschen Bahn (DB) eingesetzt (Abb. 5-30 und Abb. 5-31).

5.6.2 Phasenabstandshalter gegen Seiltanzen durch Eisabwurf

Einige der höchstgelegenen 420 kV Leitungen Europas befinden sich in der Schweiz. Durch die ungewöhnlich strengen Wetterbedingungen, die dort im

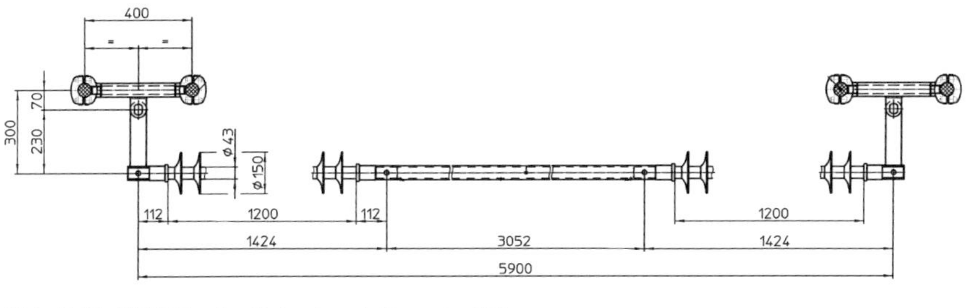

Abb. 5-30 PAH für eine Bahnstromleitung der DB

Abb. 5-31 …und im erfolgreichen Einsatz

Abb. 5-32 Im Winter durch Eisabwurf gefährdetes Spannfeld einer 420 kV Leitung in den Schweizer Alpen

Abb. 5-33 420 kV Phasenabstandshalter in der Vorab-Leitung

Winter herrschen (Abb. 5-32), kam es immer wieder zu Betriebsunterbrüchen. Diese wurden hervorgerufen durch zweiphasige Kurzschlüsse beim Zusammenschlagen der Phasenseile nach einem Eisabwurf. Zudem werden durch den physischen Kontakt aber auch durch die hohen Kurzschlussströme die äusseren Drahtlagen teilweise schwer beschädigt, was kurzfristige Reparaturen unter besonders schwierigen Umweltbedingungen zur Folge hat. In solchen Extremsituationen werden vorzugsweise Phasenabstandshalter installiert und diese sind – mechanisch – so auszulegen, dass sie die Phasengeometrie auch unter extremen dynamischen Belastungen einhalten könnten. Es ist naheliegend für diese Aufgabe Verbundisolatoren einzusetzen, da ihr – relativ zu Porzellan – geringes Gewicht, keine zu hohen Biegebelastungen auf das Seil ausübt und sie, durch deren hohe Elastizität, die grossen dynamischen Kräfte und Verformungen problemlos beherrschen sollten. Es sei hier bemerkt, dass numerische Simulationen Augenzeugenberichte bestätigten, nach denen die Seile vor Installation der PAH bei Eisabwurf bis zu 20 m in die Höhe schnellen. Abb. 5-33 zeigt die Installation von solchen PAH im kritischen Spannfeld der Vorab-Leitung. Die einzelnen PAH zwischen zwei Phasen sind zwischen

Abb. 5-34 Der 420 kV Tennisschlägermast in der Westschweiz

10 und 12 m lang und wiegen einschl. der Spezialarmaturen, welche einen momentfreien Anschluss an die Phasenseile ermöglichen und somit Schäden bei den stossartigen Bewegungen vorbeugen, ca. 100 kg. Sie bestehen aus jeweils vier bis fünf Silikonverbundisolatoren mit einem Stabdurchmesser von ca. 80 mm. Diese PAH sind seit 1995 erfolgreich im Einsatz d.h. und seit deren Einbau, hat keine einzige Abschaltung durch Eisabwurf stattgefunden [Papailiou 1997b].

5.6.3 Der Tennisschlägermast

Beim Bau einer wichtigen 420 kV Leitung in der Westschweiz, war es von grosser Bedeutung einen speziellen Mast zu entwickeln, welcher nicht nur eine besondere Form aufwies, nämlich die eines Tennisschlägers, sondern auch mit einem minimalem Platzbedarf auskam. Das führte zu dem Konzept

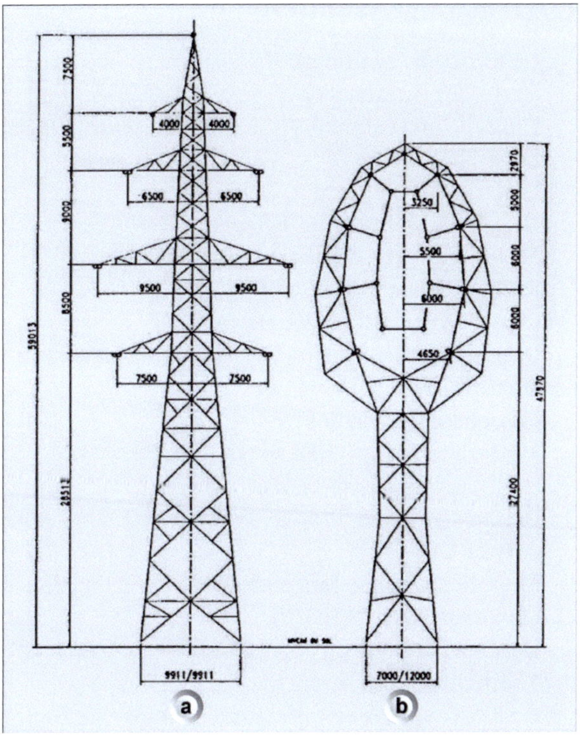

Abb. 5-35 Vergleich der Abmessungen und des Platzbedarfs von einem konventionellen 420 kV Stahlgittermast (a) und einem Tennisschlägermast (b) [Papailiou 1997b]

des weltweit einzigartigen Tennisschlägermastes (franz. *pylône raquette*) [Ammann et al. 1991], Abb. 5-34. Der Mastkopf konnte aus Gründen der Ästhetik, aber auch aus Gewichtsüberlegungen, mit Silikonverbundisolatoren realisiert werden, welche die erforderlichen Sicherheitsabstände zwischen Phasenseilen und Mastkopf gewährleisteten. Der Tennisschlägermast ist um 19% kürzer und um 10% leichter als ein vergleichbarer, konventioneller Stahlgittermast (Abb. 5-35). Zudem benötigt er eine um 37% schmalere Trasse und beansprucht somit um 50% tiefere Durchleitungskosten. Der Tennisschlägermast ist seit 1990 erfolgreich in Betrieb.

5.7 Formelzeichen und Abkürzungen

AGS	Leitertragspirale (engl. *Armour Grip Suspension*)
BKW	Bernische Kraftwerke
CIGRE	Conseil International des Grands Réseaux Électriques
DB	Deutschen Bahn
EDF	Électricité de France
ESCC	CIGRE Task Force on Effects of Short Circuit Currents
EVU	Elektrizitätsversorgungsunternehmen
FEM	Finite Elemente Methode
GFK	Glasfaserverstärkter Kunststoff
IEC	International Electrotechnical Commission
KS-Armatur	Kurzschlussschutzarmatur
PAH	Phasenabstandshalter
VEW	Vereinigte Elektrizitätswerke Westfalen
α	Maximaler Euler-Winkel an der Stelle der Krafteinleitung ($s = 0$)
ϑ	Max. Neigung der Tangente der Schwingungslinie am Einbauort ($t=0, x=0$) des PAH
ϑ	Euler-Winkel
$\kappa(x)$	Krümmung vom PAH
υ	Endgeschwindigkeit des ausschwingenden Seiles
$\sigma_{b,\max}$	Max. Biegespannung im Nachknickbereich
$\sigma_{b,zul}$	Zulässige Biegespannung vom GFK-Stab
$\sigma_{\max}$	Max. Biegespannung in der Mitte ($x/2$) vom PAH
τ	Zeitkonstante des Kurzschlusskreises
ϕ	Winkel der Kurzschlussimpedanz
ϕ	Leiter- (bzw. Teilleiter-) Durchmesser
A	Seilquerschnitt
A	Max. Galloping-Amplitude im Teilfeld
$A_{s\text{-}s}$	Galloping-Doppelamplitude
b	Beschleunigung des Seiles
C_1, C_3	Konstanten abhängig von der Nennspannung der Leitung
d	Abstand zweier parallelen Leiter
d_f	Max. Durchhang in dem Teilspannfeld zwischen zwei PAH bzw. zwischen einem PAH und dem nächstgelegenen Mast
d_{sp}	Stabdurchmesser vom PAH

E	Elastizitätsmodul vom Leiterseil
E_b	Verformungsenergie des Seiles
E_{sp}	E-Modul vom PAH
$E(p)$	Vollständiges elliptisches Integral 2. Art
f	Statischer Durchhang
$F(t)$	Längenbezogene Kurzschlusskraft
g	Erdbeschleunigung
$i(t)$	Kurzschlussstrom
I	Trägheitsmoment vom GFK-Stab
I_{sp}	Trägheitsmoment vom PAH
I_{eff}	Anfangkurzschlusswechselstrom
I_{k2}	Dauerkurzschlussstrom
k	Parameter
k	Korrekturfaktor abhängig vom Seiltyp, Seildurchmesser und dem Winddruck
$K(p)$	Vollständiges elliptisches Integral 1. Art
ℓ	Halbe Stablänge
L	Seillänge, Stablänge
L_{sp}	Länge vom PAH
M	Längenbezogene Seilmasse
$M(x)$	Biegemoment entlang vom PAH
M_{max}	Max. Biegemoment in der Mitte ($x/2$) vom PAH
n_{sp}	Anzahl der PAH in einer gegebenen Spannweite
p	Parameter
P	Druckkraft
P_{Euler}	Euler'sche Knicklast
s	Koordinate in Richtung der Stabachse
S	Spannweite
$S/2$	Spannweite des Teilfeldes
t	Zeit
t_{sc}	Kurzschlussdauer
T	Seilzug
T_o	Horizontaler Seilzug
U_b	Biegedeformationsenergie eines PAH
U_s	Deformationsenergie des Seiles
U_{sc}	Kinetische Energie des Seiles beim Kurzschluss
W	Gesamtgewicht
W_c, w_c	Seileigengewicht

W_i, w_i	Eisglast
x	Längenkoordinate vom PAH
x_α	Stabstauchung
x, y	Kartesische Koordinaten beim Galloping
y_α	Max. Auslenkung in Stabmitte
$y(t)$	Schwingungslinie des Seiles
z	Länge vom PAH

6 Ausblick

Silikonverbundisolatoren sind auch nach mehr als 50 Jahren erfolgreichen Einsatzes für die eher konservative Freileitungsbranche ein vergleichsweise „junges“ Produkt. Es wurde, vor allem in den letzten zwanzig Jahren, sehr viel auf diesem Gebiet geforscht und entwickelt, was in dieser Schrift für ausgewählte Themen detailliert dargestellt werden konnte. Es bleiben aber weitere interessante Felder, in denen zukünftige Forscher innovative Beiträge leisten können. Dieser Ausblick soll dazu dienen, mögliche Themenschwerpunkte zukünftiger Forschung zu identifizieren, die auch auf der „Wunschliste“ des Verfassers für weiterführende Arbeiten standen.

Ein wichtiger offener Punkt bei welchem noch Forschungsbedarf besteht, ist die analytische Berechnung des GFK-Stabdurchmessers nach der Verpressung der Metallarmatur. Der entscheidende Parameter für das fortgeschrittene, analytische Modell für Verbundlangstäbe (Kapitel 2) ist die bleibende Durchmesserreduktion ΔR, mit deren Hilfe der Spannungszustand im GFK-Stab ziemlich genau analytisch vorausgesagt werden kann. So einfach diese Aufgabe auf den ersten Blick erscheinen mag (man denke z. B. an die Rotationssymmetrie von Geometrie und Belastung), so anspruchsvoll war es bisher eine geschlossene analytische Formel dafür zu entwickeln.

Das „mechanische Herz“ eines Verbundisolators ist der GFK-Stab. Dieser Stab, bestehend aus Glasfasern und imprägnierendem Harz ist selbst ein Verbundwerkstoff und bietet dadurch per se ein grosses Optimierungspotenzial bezüglich seiner mechanischen Eigenschaften. Es wäre z. B. wünschenswert, dass durch eine geschickte Kombination der Materialeigenschaften von Glasfasern und Harzmatrix, die Scherfestigkeit aber auch die Druckfestigkeit des Stabes erhöht werden könnten. Wie nämlich im Kapitel 3 dieser Schrift gezeigt werden konnte, spielen diese beiden Materialparameter eine wesentliche Rolle bei der Dimensionierung von Verbundstützisolatoren und insbesondere von „dicken“ Stützern, welche zunehmend Eingang in verschiedenen Anwendungen finden, sei es als Stationstützer oder aber als Teile von Isoliertraversen für höhere Spannungen.

Forschungsbedarf besteht auch bei Hohlkörperisolatoren und dies insbesondere bei der Entwicklung von passenden Armaturen zur Aufnahme von extremen mechanischen Belastungen. Es ist ein Trend erkennbar, welcher sogenannte moderne Strukturelemente, wie Verbundhohlkörper, bei der Konzipierung von neuartigen, sich landschaftlich ästhetisch integrierenden Design-Masten für Hoch- und Höchstspannung, einsetzen möchte. Die dabei auftretenden hohen Kräfte bedürfen kreative Lösungen für die Auslegung der sog. „metal-composite joints“ solcher Isolatoren.

Der ultimative „Traum“ bleibt die Realisierung der normierten Metallarmaturen eines Verbundisolators durch den gleichen Werkstoff wie sein GFK-Stab und somit deren Integration im GFK-Stab. Dadurch würde die hier intensiv diskutierte Grenzfläche (engl. *interface*) zwischen Metall und GFK, welche nicht so einfach zu handhaben ist, entfallen. Dies würde nicht nur den Aufbau des Isolators erheblich vereinfachen, es könnte auch seinen Herstellungsprozess massiv verkürzen.

Der Verfasser wünscht sich ein in diesem Sinne aktives „Weiterleben“ seiner Arbeit und seiner Tätigkeit auf diesem hochinteressanten Gebiet vom Herzen!

7 Anhang

IEC Normen betreffend Verbundisolatoren

Nummer	Titel	Ausgabe
IEC 62231 *	**Composite station post insulators for substations with a.c. voltages greater than 1000 V up to 245 kV - definitions, test methods and acceptance criteria**	2006-02
DIN EN 62231; VDE 0674-7	Verbund-Stationsstützisolatoren für Unterwerke für Wechselspannung grösser 1 kV bis 245 kV - Definitionen, Prüfmethoden und Annahmekriterien	2007-07
IEC 60815-3	**Selection and dimensioning of high-voltage insulators intended for use in polluted conditions - part 3: polymer insulators for a.c. systems**	2008-10
DIN IEC 60815-3; VDE 0446-203	Auswahl und Bemessung von Hochspannungsisolatoren für verschmutzte Umgebungen - Teil 3: Polymerisolatoren für Wechselspannungssysteme	2008-04
IEC 61109*	**Insulators for overhead lines - composite suspension and tension insulators for a.c. systems with a nominal voltage greater than 1000 V - definitions, test methods and acceptance criteria**	2008-05
DIN EN 61109; VDE 0441-100	Isolatoren für Freileitungen - Verbund-Hänge- und -Abspannisolatoren für Wechselstromsysteme mit einer Nennspannung über 1000 V - Begriffe, Prüfverfahren und Annahmekriterien	2009-06

IEC 61245	**Artificial pollution tests on high-voltage insulators to be used on d.c. systems**	1993-10
IEC 61462 *	**Composite hollow insulators - pressurized and unpressurized insulators for use in electrical equipment with rated voltage greater than 1000 V - definitions, test methods, acceptance criteria and design recommendations**	2007-02
DIN EN 61462; VDE 0441-102	Verbundhohlisolatoren - Druckbeanspruchte und drucklose Isolatoren für den Einsatz in elektrischen Betriebsmitteln mit Bemessungsspannungen über 1000 V - Begriffe, Prüfverfahren, Annahmekriterien und Konstruktionsempfehlungen	2008-06
IEC 61462 *	**Composite hollow insulators - pressurized and unpressurized insulators for use in electrical equipment with rated voltage greater than 1000 V - definitions, test methods, acceptance criteria and design recommendations**	2007-02
IEC 61466-1 *	**Composite string insulator units for overhead lines with a nominal voltage greater than 1000 V - standard strength classes and end fittings**	1997-02
DIN EN 61466-1; VDE 0441-4	Verbund-Kettenisolatoren für Freileitungen mit einer Nennspannung über 1 kV - Teil 1: Genormte Festigkeitsklassen und Endarmaturen	1997-10
IEC 61466-1 * Cor. 1	**Corrigendum 1 - Composite string insulator units for overhead lines with a nominal voltage greater than 1000 V - standard strength classes and end fittings**	2007-11
DIN EN 61466-1 Berichtigung 1; VDE 0441-4 Ber. 1	Berichtigung 1 - Verbund-Kettenisolatoren für Freileitungen mit einer Nennspannung über 1 kV - Teil 1: Genormte Festigkeitsklassen und Endarmaturen	2010-02

IEC 61467 DIN EN 61467; VDE 0446-104	**Insulators for overhead lines - insulator strings and sets for lines with a nominal voltage greater than 1000 V - a.c. power arc tests** Isolatoren für Freileitungen - Isolatorstränge und -ketten für Leitungen mit einer Nennspannung grösser 1000 V - Wechselstrom-Hochleistungs-Lichtbogenprüfungen	2008-08 2009-08
IEC 61952 * DIN EN 61952; VDE 0441-200	**Insulators for overhead lines - composite line post insulators for a.c. systems with a nominal voltage greater than 1000 V - definitions, test methods and acceptance criteria** Isolatoren für Freileitungen - Verbund-Freileitungsstützer für Wechselstromsysteme mit einer Nennspannung über 1 000 V - Begriffe, Prüfverfahren und Annahmekriterien	2005-05 2009-06
IEC 62217 DIN EN 62217; VDE 0441-1000	**Polymeric insulators for indoor and outdoor use with a nominal voltage > 1 000 V - general definitions, test methods and acceptance criteria** Polymerisolatoren für Innenraum- und Freiluftanwendung mit Nennspannungen über 1 kV - Allgemeine Begriffe, Prüfverfahren und Annahmekriterien	2005-10 2006-11
IEC TS 62073	**Guidance on the measurement of wettability of insulator surfaces**	2003-06
IEC TR 62039	**Selection guide for polymeric materials for outdoor use under HV stress**	2007-03
IEC 61466-2:2002 + A1:2002-01 * DIN EN 61466-2; VDE 0441-5	**Composite string insulator units for overhead lines with a nominal voltage greater than 1 000 V - Part 2: Dimensional and electrical characteristics** Verbund-Kettenisolatoren für Freileitungen mit einer Nennspannung über 1000 V - Teil 2: Masse und elektrische Kenngrössen	2002-02 2002-12

Tab. 7.1 Gebräuchlichste Normen für Verbundisolatoren einschl. der vorhandenen Übersetzungen in Deutsch (* Mitarbeit des Verfassers)

8 Quellenverzeichnis

Ammann et al. 1991: Ammann, M., de Weck, P. , Faggiano, P.: Pylone Raquette, Paper 400-04, Cigre Symposium Leningrad, 1991.

Amman, et al. 1998: Ammann, M., Papailiou, K.O., Dalleves, P.; Leva, M.; Villa, S., A new 420 kV Line with Compact Towers and Composite Insulated Crossarms, CIGRE Session, Paris, 1998.

Ammann et al. 2008: Ammann,M., Papailiou, K.O., Ansorge,S., Schmuck,F., Zur Bewertung von Verbundisolatoren und deren relevanten Interfacebereichen nach Freilufteinsatz. ETG Fachtagung Grenzflächen in elektrischen Isoliersystemen (ETG FB-112), September 2008.

Baker et al. 1982: A. C. Baker, P. E. Murray and J. D. Mozer, "Computer aided Analysis of Wind Loads on horizontal Vee Type Transmission Line Systems", IEEE Trans. on PAS, Vol. PAS-101, No. 8, August 1982, pp. 2415-2419.

Baker et al. 2008: A. C. Baker, R. A. Bernstorf, E., del Bello, R. J. Hill, B. King, A. J. Philips, D. G. Powell, D. Shaffner, G. A., Steward , T. Grisham, IEEE Guide for Braced Insulator Assemblies for Overhead Transmission Lines 60 kV and greater, IEEE Transaction on Power Delivery, Vol. 23, No. 2, April 2008, pp. 785-791.

Bernstorf 2008: Bernstorf, R.A., Braced Line Post Ratings, Panel Discussion-Braced Line Posts, IEEE Working Group 15.09.09, IEEE, 2008

Bonhôte et al. 2003: Bonhôte, P., Gmür, T., Botsis, J.; Papailiou, K.O., Stress and damage analysis of composite-aluminium joints used in electrical insulators subject to traction and bending. "Composite Structure", 64 (2004) 359-367, 2003.

Campbell 1970: Campbell, D.B., Unbalanced Tensions in Transmission Lines, Journal of the Structural Division, Proceedings of the American Society of Civil engineers, Vol. 96, No ST10, October, 1970.

Cavelti et al. 2001: Cavelti. G, Papailiou, K.O., Schmuck, F.: Verbundisolatoren liegen im Trend. SEV/VSE Bulletin 15/01, 2001.

CIGRE TB 2002: The mechanical effects of short-circuit currents in open air substations. Part II. Companion brochure to No. 105, Cigre, Paris, 2002

CIGRE TB 2007: State of the Art of Conductor Galloping, Technical Brochure No. 322, Cigre, Paris, 2007.

Dalle 1985: Dalle, B., Espaceurs pour Lignes Aeriennes, Zeitschrift D.E.R., EDF; Paris, 1985

Declercq, G.1998: Tests with Droppers and Interphase Spacers, Proceedings of the 8th International Symposium on Short-Circuit Currents in Power Systems. Brussels (Belgium). 8-10th October. pp. 143-148, 1998

Dumora et al 1990: Dumora, D., Feldman, D. and Gaudry, M., Mechanical behaviour of flexurally stressed composite insulators, IEEE Trans. on Power Delivery, vol. 5, No. 2 pp. 1066-1072, April 1990.

Edwards & Boyd 1965: Edwards, A.T., Boyd, J.M., Bundle-Conductor-Spacer Design Requirements and Development of Spacer-Vibration-Damper, IEEE Transactions on PAS, PAS-84(10), pp. 924-932, 1965.

Edwards & Ko 1979: Edwards, A.T., Ko, R.G., Interphase Spacers for Controlling Galloping of Overhead Conductors, IEEE Symposium on Mechanical Oscillations of Overhead Transmission Lines. Vancouver, B.C. July 1979.

ELECTRA 1991: Worldwide experience with HV composite insulators, ELECTRA No. 130, Cigre, Paris, 1991.

ELECTRA 1992: Results on the Questionnaire on Interphase Spacers, ELECTRA No. 143, Cigre, Paris, 1992.

ELECTRA 1996: Cantilever Load Performance of Composite Line Post Insulators. Electrs 169, 1996.

ELECTRA 2000a: Worldwide Service Performance with HV Composite Insulators, ELECTRA 191, Cigre. Paris, 2000.

ELECTRA 2000b: Dynamic Bending Tests of Composite Line Post Insulators. ELECTRA 192, Cigre, Paris 2000.

ELECTRA 2002: Guide for the Evaluation of Composite Line Post Insulators Subjected to Combined Mechanical Loads. ELECTRA 203, Cigre, Paris, 2002.

Filippopoulos etal. 2002: Filippopoulos, G., Tsanakas, D., Kouvarakis, G., Voyatzakis, J., Ammann, M., Papailiou, K.O., Optimum conductor arrangement of compact lines for electric and magnetic field mi- nimization – Calculations and measurements, Med. Power, Athens, November 4–6, 2002. Fluri et al. 2002:

Fluri et al 2002: Fluri, W., Schmuck, F., Papailiou, K.O., Zum Einsatz von Verbundisolatoren und resultierenden Aktivitäten in IEC und CIGRE. ETG Fachtagung, 2002.

George et al. 2007: J. George, J., Iqbal, M., Papailiou, K.O., Huiber, W., Schmuck, F., Dewa`s new 420 kV Compact Line as an Example of Maximizing Capacity of Overhead Lines in an urban Environment. GCC Power 07 Dubai, UAE 2007.

Hardy & Bourdon 1980: Hardy, C., Bourdon, P., The Influence of Spacer Dynamic Properties in the Control of Bundle Conductors in Motion, IEE Trans. On PAS, PAS-99(2), pp. 790-799, 1980.

Havard et al. 1991: D. G. Havard, M. S. Nashid, J. R. Meale, and S. M. Foty, "Transmission Line Compaction in Ontario Hydro", CIGRE Symposium Leningrad, Paper 200-05 Session 33-91, 1991.

Ju et al. 2000: Fan Ju, Liang Xidong, Yin Yu, Wang Chengsheng, Chen Ling, Application of Acoustic Emission Technology on Structure Design and Quality Control of Composite Insulators, Proceedings of the IEEE 6th International Conference on Properties and Applications of Dielectric Materials, Xi'an, China, 2000.

Kito et al. 1975: Kito, K., Imakoma, T., Shinoda, K.: Phase-to-Phase Spacers for Transmission Lines, IEEE PES Summer Meeting, San Francisco, Calif., July 20-25, 1975

LeV 1994: Verordnung vom 30. März 1994 über elektrische Leitungen (Leitungsverordnung, LeV), Schweizerische Eidgenossenschaft, Bern, 1994.

Lilien & Dal Maso 1990: Lilien, J.L., Dal Maso, F., Contribution to Line Design by Accurate Predetermination of Severe but Occasional Stresses, Paper 22-103, Cigre session, Paris, 1990.

Lumb & Papailiou 1997: Lumb, C., Papailiou, K.O., Unterschätzte Dauerkraft der Verbundisolatoren, SEV/VSE Bulletin 7/97, 1997.

Lummis&Pinkham 1970: Lummis, J., Pinkham T.A., Mechanical Behavior of Horizontal-V Arrays Under Unbalanced Conductor Forces, IEEE Summer Power Meeting & EHV Conference, Los Angeles, Calif., July 12-17, 1970.

Morgan & Swift 1964: Morgan, V.T., Swift, D.A., Jump Height of Overhead-

Line Conductors after the Sudden Release of Ice Loads, Proc. Of IEE, Vol. 111, No. 10, pp. 1736-1746, 1964.

Papailiou 1989: Papailiou, K.O., Mechanische Beanspruchung von Kabelsteckern bei Kurzschluss. SEV_Bulletin Jg. 80, 1989.

Papailiou 1990a: Papailiou, K.O., Silikon in der Hochspannungsisoliertechnik, SEV-Bulletin Jg. 81, Heft 15, S. 33, 1990.

Papailiou et al. 1990b: Papailiou, K.O., Fluri, W., Wermelinger, A., Erfahrung mit Einsatz von Verbundisolatoren, SEV-Bulletin, Jg. 81, Heft 19, S. 11-18, 1990.

Papailiou 1997a: Papailiou, K.O., On the Bending stiffness of Transmission Line Conductors. IEEE Transactions on Power Delivery, Vol. 12, Issue 4, 1997.Papailiou 1998: Papailiou, K.O., Contribution to Question 1.3., Session Proceedings, Joint Session 22/33/36, Cigre, Paris, 1998.

Papailiou 1997b: Papailiou, K.O.: Verbundisolatoren auf dem Vormarsch – Anwendungen von Silikonverbundisolatoren in der Schweiz. Bull. SEV/VSE 88(1997)07.

Papailiou 1998: Papailiou, K.O., Contribution to Question 1.3., Session Proceedings, Joint Session 22/33/36, CIGRE, Paris, 1998.

Papailiou, 1999: Papailiou, K.O.: Grenzflächen bei Silikon-Verbundisolatoren. SEV-Bulletin 21/99, 1999.

Papailiou 2004: Papailiou, K.O., The mechanical behaviour of conductors and fittings (CD + Brochure), Cigre Technical Brochure 251, Paris 2004.

Papailiou et al. 2010: Papailiou, K.O., Thaddey, S., Schmuck, F., Armschat, C., Stankewitz, J. C.: Development of an 800kV HVDC station post design based on the long-term experience with composite line post insulators. CIGRE Session, Paris, 2010.

Papailiou & Schmuck 2011: Papailiou, K.O., Schmuck, F., The Past Experience and Future Trends with Compact Lines to solve Right-of-Way Issues. CIGRE International Symposium – The electric power system of the future. Bologna, September 2011.

Paris&Commelini 1969: Paris, L. & Comellini, E., Bi-Dimensional Structures for Transmission Lines, IEEE Summer Power Meeting, Dallas, Texas, June 2-27, 1969.

Paris et al. 1991: L. Paris, L. Pargamin and R. Parraud, Application of Composite Insulators for Overhead Compact Lines, CIGRE Symposium Leningrad 1991, Paper 400-04 Session 33-91.

Paris et al. 1994: Paris, L., Pargamin, L., Dumora, D., Parraud, R., Rating of composite suspension insulators related to the long term mechanical strength of rods. IEEE Transactions on Power Delivery, Vol. 9, No. 4, October 1994, pp. 2055-2063.

Pohlman et al. 1991: Pohlman, J.C., Pinkham, T.C., Baker, A.C.: A look at Compacting Transmission Lines Using Armless Construction Under Today's Constrains, Paper 700-04, Cigre Symposium Leningrad, 1991.

Pon et al. 1982: Pon, C.J., Havard, D.G., Edwards, A.T., Performance of Interphase Spacers for Galloping Control. Ontario Hydro Research Division Report No.82-216-K. July 6, 1982.

Pon & Havard 1994: Pon, C.J. and D.G. Havard. Field Trials of Galloping Control Devices for Bundle Conductor Lines. Report on R & D Project 133 T 386, Canadian Electrical Association. Montréal. March 1994.

Prenleloup 2008: Prenleloup A., Analyse de l'état de contrainte et de l'endommagement d'assemblages sertis en matériau mixte métal-composite sollicités en traction ou en flexion. PhD Thesis No. 4005. Lausanne: Ecole polytechnique fédérale de Lausanne, 2008.

Prenleloup et al. 2006: Preneleloup, A. Gmür, T. Papailiou, K.O., Botis, J.: Acoustic emission study and strength analysis of crimped steel-composite joints under traction, Composite Structure, 74 (2006) 370-378; 2006.

Prenleloup et al. 2007: Prenleloup, A., Gmür, T., Botsis, J., Papailiou, K.O., Obrist, K., Bonhôte, Ph.: Acoustic emission inspection and analysis of crimped metal-composite joints subjected to bending, Proc. 4th Int. Conf. NDT, 11.-14. October 2007, Chania (Crete), Greece.

Prenleloup et al. 2009: Prenleloup, A., Gmür, T., Botsis, J., Papailiou, K.O., Obrist, K., Stress and failure analysis of crimped metal–composite joints used,in electrical insulators subjected to bending, Composites: Part A 40 (2009) 644–652.

Roshan Fekr et al. 1998: Roshan Fekr, M., McClure, G., Hartmann, D., Investigation of Transmission Line Failure Due to Ice Schedding Using Dynamic Analysis, Proc. of 8th Int. Workshop on Atmospheric Icing of Structures, Reykjavik, Iceland, 1998.

Schmidt and Jürdens 1989: Schmidt, J. and C. Jürdens: "Design of Interphase Spacers with Composite Insulators and Service Experience." Presentation to CIGRE SC22-WG11 Task Force on Galloping. Rijeka, Yugoslavia, 1989.

Schmuck & Papailiou 2000: F. Schmuck, K. O. Papailiou: On the raising Application of Polymeric Post Insulators. CIGRE SC 33 Conference, Prague, Czech Republik, September 7 - 8, 2000.

Schmuck et al. 2004: Schmuck, F., K.O. Papailiou, K.O., P. J. Kolmeijer, P.J., van Wolven, J.F., Further Developments of Compact Lines for 420 kV with Silicone Insulators and their Advantages for Applications in Emergency Restoration Systems. Cigre 2004 Paris, B2-304.

Schmuck et al. 2010: Schmuck, F., Aitken, S.,Papailiou, K.O., A Proposal for Intensified Inspection and Acceptance Tests of Composite Insulators as an Addition to the Guidelines of IEC 61109 Ed. 2: 2008 and IEC 61952 Ed. 2: 2008. IEEE Transactions on Dielectrics and Electrical Insulation Vol. 17, No. 2; April 2010.

Su & Hu 1988: Su, F., Hu, S., Icing on Overhead Transmission Lines in Cold Mountainous District of Southwest China and its Protection, Proc. of 4th Int. Workshop on Atmospheric Icing of Structures, Paris, France, 1988.

Timoshenko & Gere 1961, Timoshenko, S. and Gere, J.: Theory of elastic Stability, McGraw-Hill, 1961

Timoshenko & Goodier 1970: Timoshenko, S., Goodier, J.N., Theory of Elasticity, Mc Graw Hill, 1970

de Tourreil et al. 1985: de Tourreil, C. Roberge, R. Bourdon, P., Long-Term Mechanical Properties of High Voltage Composite Insulators, IEEE Transactions on Power Apparatus and Systems. Volume PAS-104, Issue 10, Oct. 1985 Page(s):2918 – 2921.

de Tourreil, 1990: de Tourreil, C.H., Response of composite insulators to dynamic mechanical loads, IEEE Transactions on Power Apparatus and Systems, Volume 5, Issue 1, Jan. 1990 Page(s):379 – 383.

Voyatzakis 1988: Y. Voyatzakis, "150kV transmission lines on tapered steel poles supporting insulator crossarms in Greece", International Conference on Overhead Line Design and Construction, London, UK, November 1988.

Wang 1996: Wang, J., Large Vibrations of Overhead Electrical Lines: A Full 3-DOF Model for Galloping Studies, Ph.D. Thesis, Collection des Publications de la Faculte des Sciences de l'Universit de Liege No. 151, 1996.

Wankowicz et al 2006: Wańkowicz, J., Bielecki, J., Strużewska, E., Damage limit of composite long rod insulators subjected to cyclic loads; Paper B2-308, Cigre Session, Paris 2006.

de Weck et al. 1990: De Weck, P., Ammann, M., Papailiou, K.O., Two years vibration measurements and their evaluation for an optical ground wire (OPGW) installed on a 400kV transmission line, Paper 22-203, Cigre Session, Paris, 1990.

Yoshida 2006: Yoshida, S., Fatigue Characteristics on Composite Long-Rod and Line Post Insulators, Discussion Contribution SC B2, Cigre Session, Paris, 2006.